创新设计思维与方法
丛书主编 何晓佑

用户认知设计
认知驱动的产品设计

张 凯 著

江苏凤凰美术出版社

图书在版编目（CIP）数据

用户认知设计：认知驱动的产品设计 / 张凯著. 南京：江苏凤凰美术出版社, 2025.6. -- (创新设计思维与方法). -- ISBN 978-7-5741-3232-0

Ⅰ. TB472

中国国家版本馆CIP数据核字第202545U52A号

责任编辑　孙剑博
编务协助　张云鹏
责任校对　唐　凡
责任监印　唐　虎
责任设计编辑　赵　秘

丛 书 名	创新设计思维与方法
主　　编	何晓佑
书　　名	用户认知设计：认知驱动的产品设计
著　　者	张　凯
出版发行	江苏凤凰美术出版社（南京市湖南路1号　邮编：210009）
制　　版	南京新华丰制版有限公司
印　　刷	南京新世纪联盟印务有限公司
开　　本	718 mm × 1000 mm　1/16
印　　张	10.75
版　　次	2025年6月第1版
印　　次	2025年6月第1次印刷
标准书号	ISBN 978-7-5741-3232-0
定　　价	85.00元

营销部电话　025-68155675　营销部地址　南京市湖南路1号
江苏凤凰美术出版社图书凡印装错误可向承印厂调换

前言

随着社会、科技、经济、文化的发展，用户需要和产品特征均发生了较大变化，用户对产品的需求正在由过去的"实用功能的使用"转变为"对信息的认知体验"，产品的信息载体特征也越来越明晰。本书针对当代产品和产品设计新特征和新趋势，从认知心理学视角出发，展开对产品设计中认知模式的基本定义、内容、要素、结构和关系等方面的研究，以探究和解析当代产品设计的本质属性和过程属性，进一步完善和丰富产品设计理论和认知心理学应用理论，并为产品设计实践提供理论指导。

本书从认知心理学及相关理论出发，运用文献研究、案例研究、实验研究和系统分析等方法，展开了以下五个部分研究。第一，在认知心理学及相关理论研究的基础上，结合当代产品设计发展趋势，界定"产品""产品设计""产品信息"等基础概念。第二，在厘清认知建模相关理论的基础上，分析了产品设计中认知模式研究的三个主要内容，提出了产品设计认知模式构建的三个基本原则。第三，在系统分析影响用户认知的内、外部因素及其相互关系的基础上，探究和构建"触发—获取—筛选—加工—输出"的用户认知过程模式，并解析各过程的认知内容及相互关系；探究和构建"目标—任务—信息/行为流—信息触点"的用户认知层级模式，并分析各层级关系中满意度测评的内容和方法。第四，在原有"问题"认知模式和"求解"认知模式的研究基础上，探索和构建由用户域、价值域、交互域、表征域构成的"UFIC"产品设计问题模式，并明确用户域和表征域是设计认知的核心问题域；探索和构建由分析、定义、生成、测评构成的"ADGE"产品设计求解模式，在分析求解基本过程的基础上，明确测评过程在模式中的控制作用；从 ADGE 求解模式视角将 UFIC 问题模式中 4 个问题域细化为 16 个核心设计问题，并导出"UFIC-ADGE"产品设计认知模式。第五，在用户认知和产品设计认知模式研究的基础上，结合案例分析，提出产品系统映像内核创设、范围创设、逻辑创设和表现创设的 4 个维度，并细分为 12 个创新路径。

本书从认知心理学视角出发，进一步界定了产品设计中的基本概念，明确了产品设计中认知模式的内涵，提出了用户认知的过程、层级模式，产品设计认知的问题、求解及过程模式和产品系统映像创设维度，进一步丰富和完善了产品设计理论和认知心理学应用理论，有助于设计师在设计实践过程中理解产品设计的基本属性，明确用户研究内涵，扩展设计创新维度，优化设计过程和设计管理，具有一定的理论意义与实践应用价值。

目录

绪论 ──────────────────── 001

  001 第一节 研究背景
  004 第二节 国内外研究现状
  013 第三节 主要研究内容、目的和意义及研究方法

第一章 认知心理学视角下的产品设计 ──────── 018

  018 第一节 产品设计中认知研究的理论基础
  024 第二节 认知心理学视角下的产品
  033 第三节 认知心理学视角下的产品设计
  042 本章小结

第二章 认知建模与产品设计中的认知模式 ──────── 043

  043 第一节 认知建模与认知模式
  046 第二节 产品设计中的认知模式
  050 第三节 产品设计中认知模式构建的原则
  053 本章小结

第三章 产品设计中用户认知模式构建 ──────── 054

  054 第一节 产品设计中影响用户认知的因素
  066 第二节 产品设计中用户认知过程模式
  084 第三节 产品设计中用户认知的层级模式
  091 第四节 产品设计中用户认知满意度测评
  116 本章小结

第四章　产品设计中设计认知模式构建 ——————— 117

- 117　第一节　产品设计认知模式的内涵
- 120　第二节　基于用户认知的产品设计认知中的"问题"
- 124　第三节　基于用户认知的产品设计认知中的"求解"
- 131　第四节　基于用户认知的产品设计认知过程模式生成
- 137　本章小结

第五章　产品设计中系统映像的创设维度 ——————— 138

- 138　第一节　产品系统映像的创设维度解析
- 140　第二节　产品系统映像内核维度创设路径
- 143　第三节　产品系统映像范围维度创设路径
- 149　第四节　产品系统映像逻辑维度创设路径
- 151　第五节　产品系统映像表现维度创设路径
- 154　本章小结

结论 ——————— 155

参考文献 ——————— 157

绪论

第一节 研究背景

一、用户需求发展对产品设计提出了新要求

随着21世纪全球化的科技发展，生活、生产方式的变迁和多元文化的繁荣，用户的需求满足和产品形式发生了根本性的变化。在社会信息化的背景下，用户对产品的需求正在由过去的"实用功能的使用"转变为"对信息的认知体验"。用户不仅仅是购买产品本身，更是购买产品的服务、体验和个性价值。因此，产品不仅应具有使用价值，还应具有丰富的信息价值和意义。产品创新也不只是单纯地表现在产品的功能上，已逐渐转移到用户个人的意义需求和情感满足上。

信息技术、人工智能等技术的发展使产品在更大限度上摆脱了生产和技术的制约，人与人、人与物、物与物之间的相互约束（时空距离、条件限制等）被进一步弱化。在这个被数据、网络贯穿的世界中，人被信息流和电子幻象包围，现代产品的智能化程度越来越高，高科技产品在给人的生活带来各种便利的同时，也带来了诸多不便，例如，产品功能的日趋复杂带来信息获取、认知加工与反馈障碍等。要解决这些问题，需要认识到设计创新的核心是对"人"的关注，这种关注包括感知、行为、情感等诸多方面的综合体验。因此，产品的软硬件高度融合，共同作为用户认知体验过程中的信息载体，已成为当代产品设计的重要趋势之一。以认知过程为线索，用户认知心理满足为目标的产品设计研究，正逐渐成为信息化、高技术背景下设计理论及实践研究共同关注的焦点。

二、认知心理学为产品设计研究提供了新路径

兴起于20世纪50年代的认知心理学，从70年代起逐渐成为西方心理学的主要研究方向。认知心理学将人看成具有丰富内在资源，并与周围环境发生相互作用的、积极的信息加工者，主要研究其接受、贮存和运用信息的认知过程，包括感觉、知觉、注意、意识、记忆、表征、思维、语言和问题解决等。认知心理学发展至今已不仅专注于人的内部心理过程的研究，也展开了人的行为研究，是研究认知及行为背后的心智处理的心理科学。

美国认知心理学家赫伯特·西蒙（Herbert A.Simon）指出，广义的"设计"都是问题

求解的过程，"问题求解"的心理机制即"信息输入—信息加工—信息输出"的过程，其揭示了各类设计的同一核心，"问题求解"模式成为一切人工智能产品和设计的基础。在此基础上，随着信息技术的高速发展，认知心理学研究在当代设计中的应用受到越来越多的关注，其中的感觉/知觉过程、注意、记忆、学习理论、知识表征、模式识别、语义及语义理解、推理及决策过程等理论和原理被广泛地应用于设计心理学中，并指导着现代产品设计。

以认知心理学为理论核心，产品语义学、人机工程学、感性工学、可用性设计、情感化设计等为综合理论基础，根据对用户认知中需要、能力、态度和所处的场景、阶层和社会文化背景等变量的研究，解析用户认知模型，构建设计师认知模型，并生成产品系统映像，已成为产品设计研究和发展的重要方向。认知心理学为信息化背景下产品创新设计研究提供了重要的研究路径，成为推动产品设计理论与实践发展的新动力。

三、产品设计理论研究重点发生了新变化

第二次世界大战（简称"二战"）之前，大多数设计师认为设计和艺术一样，是一种直觉活动，设计更多是依赖经验、灵感和直觉进行创造。随着"二战"后经济、科技的发展，人们的需求日益多元化和复杂化，设计师面临的问题日益复杂，产品设计理论的研究逐渐发展起来。

20世纪50年代，产品设计理论的研究主要借鉴了"解题模式"和"运筹学"（也称为作业模式）两个领域的观念。解题模式是一个以科学化的方法分析人类如何解决问题的研究领域。运筹学则是利用数学模型和计算法有效地解决生活中的复杂问题。英国联合电气工业公司的琼斯（Jones）和加州大学伯克利分校的亚历山大（Alexander）在当时计算机、自动控制及系统化的影响下，指出现代设计相比于传统的凭直觉和经验来思考，应更加倾向于逻辑和系统化的思考。琼斯提出了设计过程是"信息输入—分析—综合—评估—输出"的循环过程，而亚历山大则解释了设计是分析和综合的过程，提出模式语言的概念。

20世纪60年代，产品设计理论的研究开始认识到设计创新有别于科学推理，设计方法应该建立在对于人思考过程研究的基础上，强调对于设计思考特性和行为规律的研究和探索。

设计方法的研究走向了分析设计的过程,其研究重心转为探索人是"如何"认知性地进行设计思考和解决设计问题的。设计创新专注以用户为本的方法,从发现用户的需求入手,力求创设出令人满意的解答,以解决实际的设计问题。

20世纪70年代,美国认知心理学家、人工智能专家赫伯特·H.A·西蒙率先明确提出设计是一门关于人工造物的学科,指出了"设计科学"是一门可以传授的,具有在知识上深奥、可分析、半正式化、半可体验化特征的关于设计过程的学问,从而使设计学领域开始将设计作为一种复杂的思维活动加以关注。其为我们表述了设计本质,即设计是一个在复杂环境中对信息的加工处理,并根据有限条件作出判断和决策的过程。

20世纪90年代以后,行为理论、认知理论、创新思维和概念设计过程模型等研究的发展,为产品设计思维、产品设计程序与方法提供了更为丰富和全面的理论基础。进入21世纪以来,认知心理学的相关知识在设计中的应用研究,尤其是在设计创新过程中的应用研究越来越广泛。

第二节 国内外研究现状

国内研究数据来源于中国知识基础设施工程（CNKI），检索含硕士、博士论文在内的国内文献。国外研究数据来源于科学引文索引核心数据库 Web of Science（WoS），为了保证文献具有权威性和代表性，将数据源限定为 SCI、SSCI 和 CPCI-S，文献类型选择 PROCEEDINGS PAPER 和 ARTICLE，文献的年份跨度设置为 2000—2017 年。通过对国内外相关专著、译著、论文的收集与对本研究方向相关的学术研究和文献资料的分析，根据其研究重点可分为认知心理学理论及其在设计中的应用研究、用户认知的模式研究、产品创新设计建模研究、产品创新设计方法研究等方面。

一、认知心理学在设计中的应用研究

国内数据的检索式为：主题 = "认知心理学" and "设计"，共检索出文献 373 篇。国外数据的检索式为：TS= "cognitive psychology" AND "design"，得到有效文献 396 篇。以国内外发文量和年份绘制年度文献分布图，如图 1 所示。国内外研究从 2004 年开始有明显增长，到 2008 年增速放缓并趋于平稳。

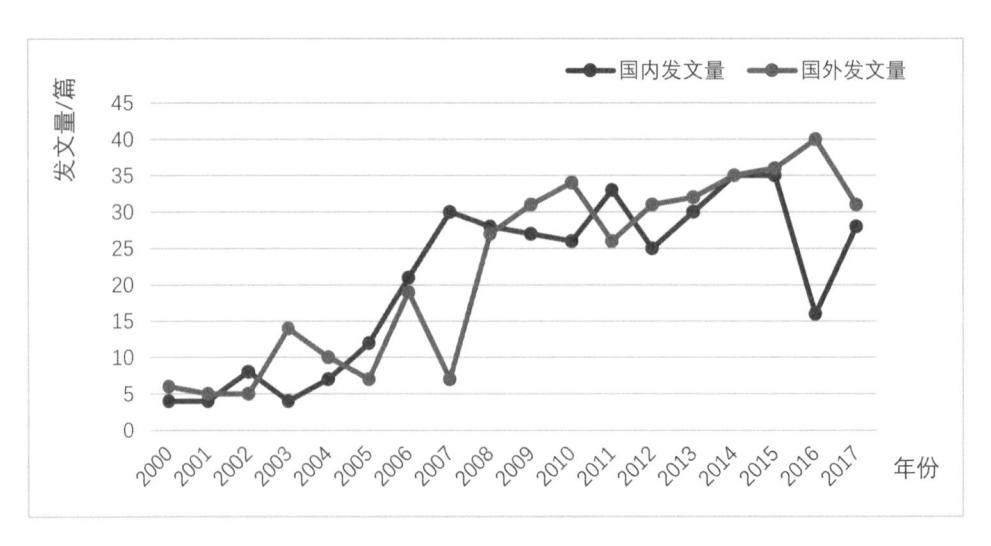

图 1　认知心理学在设计中的应用研究国内外文献数量年度分布图

对文献进行国家合作分析,根据发文量绘制国家发文量分布图(图2),并采用citespace软件绘制国家间合作图谱(图3),可以看出认知心理学在美国、中国、英国等国家研究较多,其中美国占据领导地位,国家间合作也较为紧密。

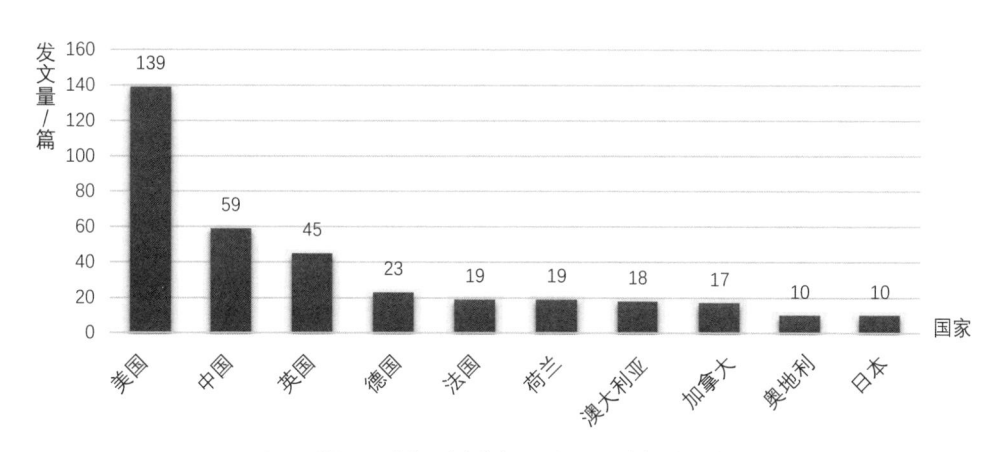

图2 认知心理学在设计中的应用研究论文国家发文量分布图

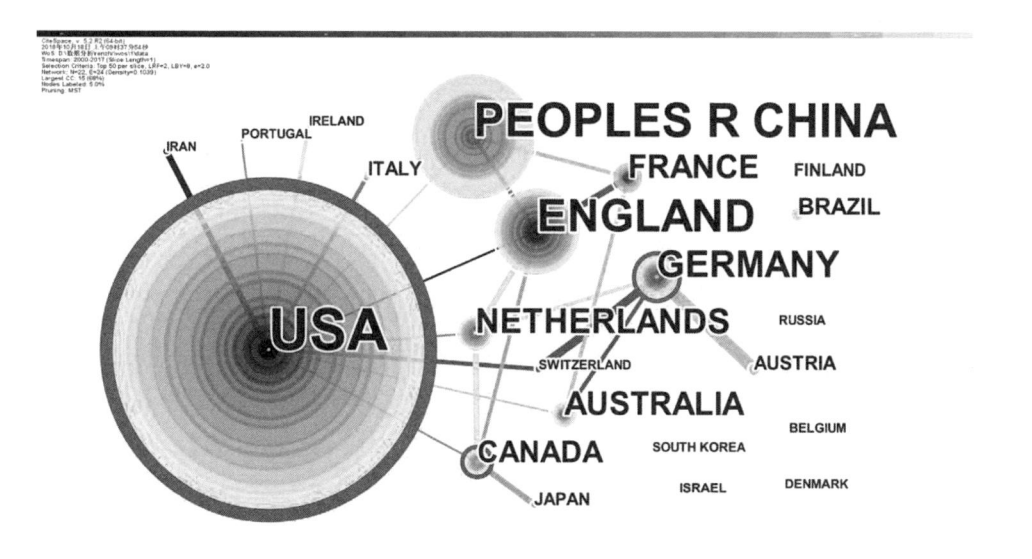

图3 认知心理学在设计中的应用研究论文国家合作图谱

对文献进行发文机构统计,并运用citespace软件进行机构间合作分析,将时间切片设置为4年,得到国外机构间的合作图谱,见图4。研究机构以高校为主,国外英国伦敦大学、美国加州大学、印第安纳大学等研究较多,国内湖南大学、华东师范大学、上海交通大学等发文较多,但从合作图谱上看,各个高校研究相对独立,高校间合作较少。

从现有文献来看,认知心理学的基础是新行为主义,美国心理学家爱德华·托尔曼(Edward

图 4 认知心理学在设计中的应用研究论文机构合作图谱

Chace Tolman）的认识理论中指出人的行为具有目的指向性，受诸多中介变量的影响。而格式塔心理学中重视知觉组织和解决问题的过程以及创造性思维的研究，其强调格式塔的组织、结构等原则，这些观点对认知心理学的形成产生了重大影响。英国心理学家唐纳德.E.布罗德本特（Donald E. Broadbent）于1958年出版的《知觉与传播》一书中指出：认知的信息处理模式是一种以心智处理来思考与推理的模式。这被认为认知心理学的发展打下了重要基础。同时，认知心理学的产生和发展还得到语言学、信息论、计算机科学等学科研究成果的助益。其中，美国语言学家乔姆斯基（Chomsky）的语言理论研究、美国心理学家米勒（Miller）等学者在香农（Shannon）提出的"信息量"及信息传送过程的研究基础之上所展开的将人与通信装置类比的研究，以及基于图灵（Alan Mathison Turing）的"图灵检验"和"人工智能"研究的基础上，艾伦·纽艾尔（Allen Newell）和赫伯特·西蒙的"通用问题解决者"模式的研究等均在不同的方面完善了认知理论。美国心理学家奈瑟尔（U.Neisser）于1967年出版的《认知心理学》标志着该学派的独立，其研究发展进一步扩展到了社会心理学、发展心理学、生理心理学、工程心理学、设计心理学等领域。①②③

认知心理学在设计中的应用首先是对于设计的定义，将"设计"定义为"问题求解"的过程，揭示了各设计门类的核心，并将"问题求解"的心理机制描述为"输入—加工—输出"的信息加工过程。其次，美国认知心理学家唐纳德·A.诺曼（Donald A.Norman）将认知心理学

① Robert J.Stemberg. 认知心理学 [M]. 杨炳钧，陈燕，邹枝玲，译. 3版. 北京：中国轻工业出版社，2006:5–10.
② 乐国安，韩振华. 认知心理学 [M]. 天津：南开大学出版社，2011:1–12.
③ 史忠植. 认知科学 [M]. 合肥：中国科学技术大学出版社，2008：3–9.

原理应用于日常生活中[④]，研究如何通过设计来提高产品的可用性，以更好地满足用户需要，其研究在欧美逐渐发展为一门围绕提高"可用性"的专门学科，包括"可用性工程"和"可用性设计"；另一位学者尼尔森（Nielsen）则是在互联网和人机界面的可用性设计方面有着非凡的贡献。最后，唐纳德·A·诺曼还提出了情感化设计理论[⑤]，强调在用户认知体验过程中情感和情绪的重要作用，阐述了认知与情感在用户信息处理系统中的相互关系，指出情感会直接影响用户的认知过程中如何感知、如何行为、如何思维、如何决策。其研究为在设计中唤起和达成用户认知过程中的情感满足提供了系统的理论框架，受到设计界的高度重视，并已广泛应用于现代设计的各个领域。

目前，认知心理学在设计中的应用研究多集中在可用性工程和情感化的研究，而系统地从认知心理学角度研究其在产品设计中的应用尚不多见。随着当代产品设计的发展，通过对用户认知的系统研究，进一步完善产品设计理论及认知心理学应用理论，有着强烈的必要性。以认知心理学研究成果为基础，系统研究产品设计解码过程即用户认知过程，厘清用户认知系统的脉络结构；通过探究用户认知加工的"黑箱"，研究用户认知加工的诸多模式，建立用户认知加工系统的模式；创建基于用户认知系统研究的设计认知模式，厘清在用户对产品设计解码过程中设计介入的路径，提高产品信息认知加工效用，在用户认知全过程中提升用户认知体验，满足用户生理和心理的综合需求。其系统的研究将对于现代产品设计的发展有着重要的现实意义。

二、用户认知模式研究

国内数据的检索式为：主题＝"认知模式"and"产品"，共检索出文献35篇。国外数据的检索式为：TS=（"cognitive model"OR"cognitive pattern"）AND"product"，得到有效文献41篇。以国内外发文量和年份绘制年度文献分布图（图5），可以发现国内外对认

[④] 唐纳德·A·诺曼. 设计心理学[M]. 梅琼, 译. 北京：中信出版社, 2003.
[⑤] 唐纳德·A·诺曼. 情感化设计[M]. 付秋芳, 程进三, 译. 北京：电子工业出版社, 2005.

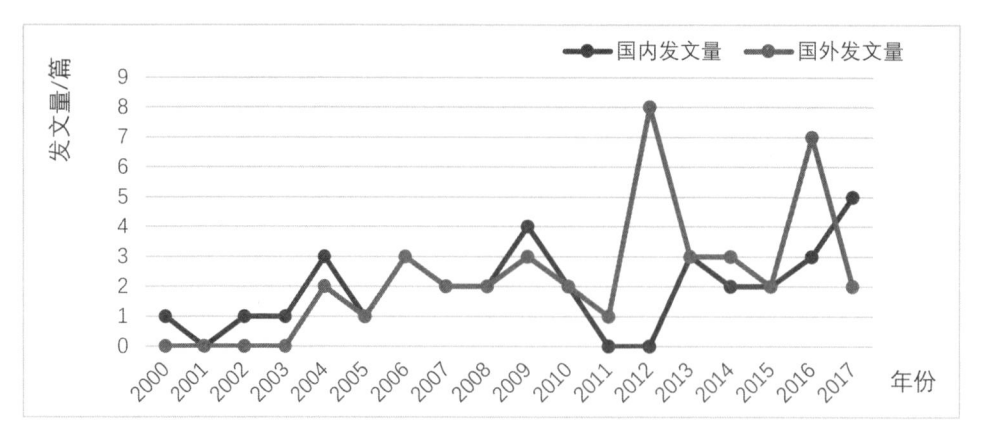

图5 用户认知模式研究国内外文献数量年度分布图

知模式的研究较少，尚未形成完整的研究体系。

从已有文献来看，对用户认知的心理学模式的研究主要分为以下几个方面：

首先，将产品信息分解为信息要素，将用户认知看作自上而下的信息加工过程的研究。如代尔夫特理工大学的坎斯（Kans）结合人机交互模型，提取了"动作""感知""认知"三个要素，将用户使用产品表述为三要素的循环过程[6]；唐纳德·A·诺曼提出了产品使用者心理模式。[7]国内学者赵江洪等提出了产品感知"意象"理论，以及消费问题认知模型和购后心理过程模型[8]；谭征宇等构建了感性认知模型和用户感知信息框架[9]；等等。

其次，基于产品信息符号学特性的用户认知研究，即在研究中将产品看成"发送—接受"过程中的媒介或信息，如剑桥大学的克里利（Crilly）提出的产品外观反映的用户模型。[10]国内学者张宪荣提出了传达符号的基本过程模型和符号解码的过程模型[11]；孙菁构建了产品风格意象认知模型[12]；吴志军提出了基于产品符号认知的创新设计过程模型[13]；卢兆麟等提出了基于汽车造型知识本体特征匹配的认知过程模型[14]；等等。

再次，探索产品的外部因素，特别是语境效应和期望效应对用户认知心理的影响已广泛兴起。如美国西北大学的刘易斯（Lewis）提出从"内—外"两方面结合来研究人机界面的认知；美国卡耐基梅隆大学的卡根和美国辛辛那提大学的沃格尔提出了模糊期望和情境影响下

---

[6] Kanis H. Usage centred research for everyday product design[J]. Applied Ergonomics, 1998, 29（1）: 75-82.
[7] 唐纳德·A·诺曼. 设计心理学 [M]. 梅琼, 译. 北京: 中信出版社, 2003: 82-90.
[8] 赵江洪. 设计心理学 [M]. 北京: 北京理工大学出版社, 2004: 46-51.
[9] 谭征宇. 面向用户感知信息的产品概念设计技术研究 [D]. 杭州: 浙江大学, 2007.
[10] Crilly N, Moultrie J, Clarkson J. Seeing things: consumer response to the visual domain in product design[J]. Design Studies, 2004, 25（6）: 547-577.
[11] 张宪荣. 设计符号学 [M]. 北京: 化学工业出版社, 2004: 16-20.
[12] 孙菁. 基于意象的产品造型设计方法研究 [D]. 武汉: 武汉理工大学, 2007.
[13] 吴志军. 基于产品符号认知的创新设计过程模型构建与应用研究 [D]. 无锡: 江南大学, 2011.
[14] 卢兆麟, 张悦, 成波, 等. 基于风格特征的汽车造型认知机制研究 [J]. 汽车工程, 2016, 38（3）: 280-287.

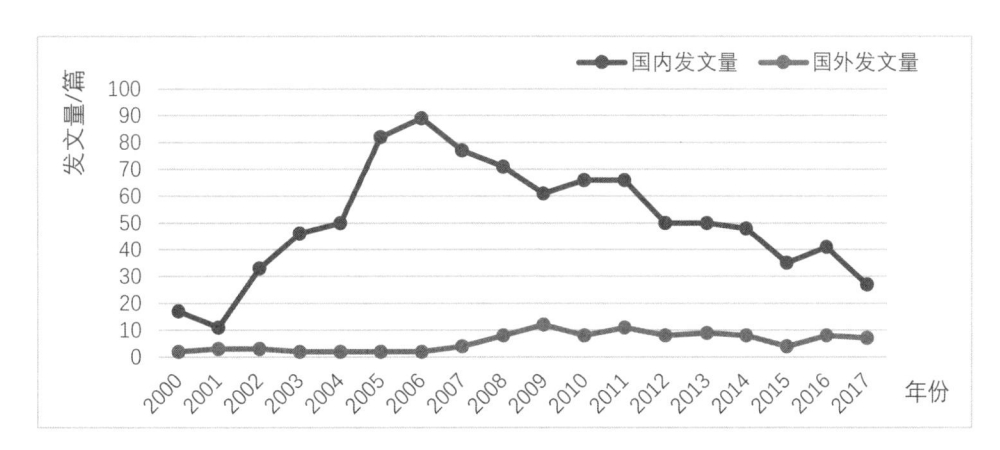

图6　产品创新设计模式研究国内外文献数量年度分布图

的用户行为模式[15]；等等。国内学者李彬彬提出了基于期望效应影响的产品绩效模式。[16]

最后，在其他学科理论中，对产品用户认知也有着不同的研究视角。如我国香港理工大学的米歇尔·苏（Michael Siu）等从语言学的角度，将产品看成一种供消费者阅读的特殊语言[17]；美国芝加哥大学的布坎南（Buchanan）从修辞学视角将产品看作说服和争论的工具，将产品符号认知（说服）分为逻辑或技术原理说服、特征或气质说服、情感属性说服三种方式[18]；其他学者如李波等构建了审美认知的信息加工模型等。[19]

三、产品设计认知模式研究

国内数据的检索式为：主题 =（"设计过程模式"or"创新设计模式"）and（"产品设计"or"工业设计"），共检索出文献920篇。国外数据的检索式为：TS="design process model" OR "innovative design model"，得到有效文献103篇。以国内外发文量和年份绘制年度文献分布图（图6），可见国外研究发文量呈现上升趋势，但发文量较少；国内发文量起伏较大，总体来讲研究并不充分，尚未形成完整的研究体系。

对文献的关键词进行统计分析，表1为国内文献中出现频次最高的15个关键词，表2为国外文献中出现频次最高的15个关键词。综合国内外关键词频次表，可以看出"概念设计""TRIZ""协同设计""过程模型""并行设计"等是该领域研究的重点。

从已有文献来看，产品设计认知模式研究主要包括基于设计认知问题和基于设计认知求

---

[15] 恰安, 沃格尔. 创造突破性产品：从产品策略到产品定案的创新 [M]. 辛向阳, 潘龙, 译. 北京：机械工业出版社, 2004：99–123.
[16] 李彬彬. 设计效果心理评价 [M]. 北京：中国轻工业出版社, 2005：145–147.
[17] Siu K W M. User's creative responses and designers' roles[J]. Design Issues, 2003, 19（2）：64–73.
[18] 布坎南, 马格林. 发现设计：设计研究探讨 [M]. 周丹丹, 刘存, 译. 南京：江苏美术出版社, 2010：112–147.
[19] 李波. 审美情境与美感：美感的人类学分析 [D]. 上海：复旦大学, 2005.

表 1　国内关键词表

序号	关键词	频次	序号	关键词	频次	序号	关键词	频次
1	概念设计	119	6	创新设计	46	11	过程管理	27
2	协同设计	77	7	设计过程	42	12	并行设计	25
3	产品设计	69	8	过程模型	31	13	产品数据管理	24
4	TRIZ	47	9	设计结构矩阵	31	14	Petri 网	23
5	过程建模	47	10	并行工程	27	15	本体	21

表 2　国外关键词表

序号	关键词	频次	序号	关键词	频次	序号	关键词	频次
1	TRIZ	10	6	Framework	7	11	Collaborative design	5
2	Design proce	9	7	System	6	12	Process model	5
3	Product development	9	8	Engineering design	6	13	Simulation	4
4	Design process model	8	9	Product design	5	14	Conceptual design	4
5	Design	7	10	Petri net	5	15	Concurrent engineering	4

解过程的产品设计认知模式研究两个方面。

　　基于设计认知问题的产品设计认知模式研究，主要集中在设计问题空间及问题域相互关系的研究。如墨尔本大学的艾肯（Akin）[20]、麻省理工学院的施恩（Schon）[21]、加拿大约克大学的戈尔（Goel）等[22]学者通过设计问题空间架构和问题求解之间的相互关系的研究，指出问题空间架构研究能够指导设计师识别和确定设计要素；北卡罗来纳州立大学马切尔

---

[20] Akin O, Dave B, Pithavadian S. Heuristic generation of layouts[M]. Southampton:Computational Mechanics Publications, 1988: 413–444.
[21] Schon D A. Designing: rules, types and worlds[J]. Design Studies, 1988, 9（3）:18–190.
[22] Goel V, Pirolli P. The structure of design problem spaces[J]. Cognitive Science, 1992, 16（3）: 395–429.

（Macher）[23]提出设计过程是设计问题空间和设计方案空间互为基础并反复迭代的过程；意大利学者法尔科（Falco）[24]将设计问题解决方式概括为问题驱动和方案驱动两种方式；麻省理工学院教授苏赫（Nam P.Suh）在其著作 The Principles of Design[25]中将设计问题分解为需求、功能、载体、过程四类问题域，并系统分析了问题域间的相互关系，提出了公理化设计理论（axiomatic design，AD）；悉尼大学教授格罗（Gero）[26]提出了"功能—行为—结构（function-behavior-structure，FBS）"设计认知模式；刘征和孙守迁[27]认为问题驱动和方案驱动的设计认知策略是设计思维中逻辑思维和感性思维的体现；等等。上述研究揭示了基于设计认知问题的设计认知模式研究的基本概念、逻辑、特征和规律，为本次产品设计认知模式研究中的"问题"模式研究提供了重要参考。

　　基于设计认知求解过程的产品设计认知模式研究，主要聚焦于设计认知的思维、行为过程及其系统化描述方面。如英国开放大学教授琼斯（Jones）[28]认为设计更倾向于逻辑和系统化思考，包括"分析""综合""评估"三个思维过程，设计认知过程是"分析—综合—评估"的循环过程；麻省理工学院教授阿切尔（Archer）[29]提出一种系统化模式和逻辑运作方法，认为一系列相互联系的行为群构成设计认知过程，行为群间存在因果关系，前期的设计认知行为界定了后期的设计认知行为的变化；哈佛大学教授蔡塞尔（Zeisel）[30]提出设计认知过程的心智活动包括"想象""外显""检验"三个基本单元，并呈非线性的螺旋形方式推进，直到获得与用户需要相匹配的、满意的设计方案；等等。上述研究为本次产品设计认知模式研

---

[23] Maher M L. A model of co-evolutionary design[J]. Engineering with Computers,2000, 16（3/4）：195–208.
[24] Falco I D, Cioppa A D, Tarantino E. Facing classification problems with particle swarm optimization[J]. Applied Soft Computing, 2007, 7（3）：652–658.
[25] Suh N P. The Principles of Design[M]. New York:Oxford university press,1990.
[26] Gero J S, Kannengiesser U. The situated function-behavior-structure framework[J]. Design studies, 2004, 25（4）：373–391.
[27] 刘征，孙守迁. 产品设计认知策略决定性因素及其在设计活动中的应用[J]. 中国机械工程，2007, 18（23）：2813–2817.
[28] Jones J C.A method of systematic design[C].Conference on Design Methods. Oxford: Pergamon Press,1963:53–73.
[29] Archer B. An overview of the structure of the design process[M].Cambridge:MIT Press. 1970.
[30] Zeise J. Inquirybydesign:toolsforenvironment-behaviorresearch[M].Monterey, CA: Brooks/Cole Publishing Co, 1981.

究中的"求解"模式研究提供了坚实的理论基础和借鉴。

四、本课题研究领域中存在的主要问题

目前认知心理学基础理论研究方面有着较为完整的理论体系，为本次研究提供了坚实的理论基础、研究思路和研究方法。但在用户认知的模式研究、产品创新设计建模研究、产品设计方法研究等方面，理论体系还有待于进一步完善，主要存在以下几方面的问题：首先，对于产品设计中的用户认知模式中解码过程的研究比较零散，缺乏较为完整的系统性，现有用户认知心理模式尚不能完整展现产品设计中用户认知过程的全貌；其次，针对产品设计的认知心理学应用理论较为匮乏，目前研究主要集中在可用性设计和情感化设计等方面，对于用户认知全过程的各个阶段中的设计干预路径缺乏较为系统的研究；再次，基于当代产品发展趋势和用户认知特征的产品设计认知模式及其应用研究刚刚起步；最后，产品系统映像研究尚未展开。基于以上分析，本次研究具有必要性和可行性，其研究成果对于产品设计理论的完善以及指导设计实践均具有重要的现实意义。

第三节　主要研究内容、目的和意义及研究方法

一、主要研究内容

1. 探究认知心理学视角下的产品设计相关定义

从认知科学、认知心理学、信息加工理论出发，结合当代产品设计发展趋势，对于"产品""产品设计""产品信息"等相关概念进行研究并提出基本定义。

2. 系统分析产品设计中认知模式研究的内涵

在研究认知建模理论的基础上，解析产品设计中认知模式研究的内涵，将产品设计中认知模式研究分解为用户认知模式、设计认知模式、产品系统映像三个部分，厘清和明确其基本概念、研究内容及相互关系，并探究产品设计中认知模式构建的原则。

3. 展开产品设计中用户认知模式研究

在用户认知一般模式的理论基础上，分析影响用户认知的内部和外部因素；探究与构建基于"触发—获取—筛选—加工—输出"的用户认知过程模式；探究与构建基于"目标""任务""信息/行为流"和"信息触点"的用户认知层级模式；并解析用户认知测评的策略、内容及方法。

4. 展开产品设计中设计认知模式研究

在用户认知层级模式和过程模式研究的基础上，结合现有的"问题求解"认知模式研究成果，首先展开"问题"研究，将产品设计问题分解为用户域、价值域、交互域、表征域，并厘清各个问题域之间的相互关系，构建产品设计问题模式；其次展开"求解"研究，构建"分析—定义—生成—测评"产品设计认知求解模式；在"问题"和"求解"研究的基础上导出基于用户认知的产品设计认知过程模式。

5.展开产品设计中系统映像创设研究

在探究和构建产品设计认知模式的基础上，结合用户认知模式，从内核维度、范围维度、逻辑维度和表现维度，系统梳理产品系统映像创设维度，并探究各创设维度下的产品设计创新路径，为产品系统映像创新提供思路。

二、研究目的和意义

1.深化产品设计理论研究

本次研究从认知视角界定了"产品""产品设计""产品信息"等定义、建构的产品设计认知过程模式，将在产品认知"问题"研究和"求解"研究的基础上，提出产品设计认知过程中的变量要素及其结构关系，推动产品设计中分析、定位、生成以及测评的研究。本次研究有助于对产品设计活动本质属性和过程的正确理解，进一步丰富和完善产品设计理论。

2.丰富认知心理学应用理论研究

本次研究从信息解码视角，探究和建构的产品用户认知过程模式和用户认知层级模式，有助于深入研究产品设计中用户认知的规律和特点，明确用户认知要素在用户认知过程中的作用和相互关系，深入研究产品用户认知过程中用户认知、设计认知、系统映像的相互作用、逻辑关系和干预路径，进一步丰富和完善认知心理学在产品设计领域应用理论。

3.为设计实践提供有效指导

本次研究提出的用户认知模式、产品设计认知模式和产品系统映像创设维度，有助于设计师在设计实践过程中明确产品设计核心问题，扩展设计创新维度、明确设计思路、创设用户需求、优化设计过程、强化设计管理、提高设计效率，为设计实践提供有效指导。

三、采取的主要研究方法

1. 文献研究法

文献研究法是利用现有文献资料，对研究课题或现象进行研究的方法。本次研究的文献主要涉及认知科学、认知心理学、设计心理学、感性工学、可用性设计、情感化设计等相关领域，分析各领域当前研究的思想方法、现状、动态以及热点问题和核心问题，综合多学科思维方法与理论在产品设计中认知模式的研究。

2. 案例研究法

案例研究法是根据研究需要，通过对典型案例的解析，分析、构建和验证相关理论。本次研究中通过案例分析，推导和验证新的观点，并通过案例分析和归纳，重点对产品系统映像的创设维度加以说明。

3. 实验研究法

实验研究法是通过定性和定量的实验进行实证研究的方法。本次研究运用 SET 分析、产品价值机会分析、可用性测试、感性工学等实验及分析方法，验证用户认知满意度相关理论研究的合理性和可行性。

4. 系统分析法

系统分析法是将需要解决的问题作为系统工程，通过系统目标、系统要素、要素关系、系统结构等的分析和研究，揭示问题的本质属性并提供解决方案。产品设计中的认知模式研究中，存在多个认知主体和复杂的认知要素和过程，需要研究编码—解码、用户认知，问题—求解、设计认知等多个复杂问题，均需要运用系统分析的方法。

四、研究思路

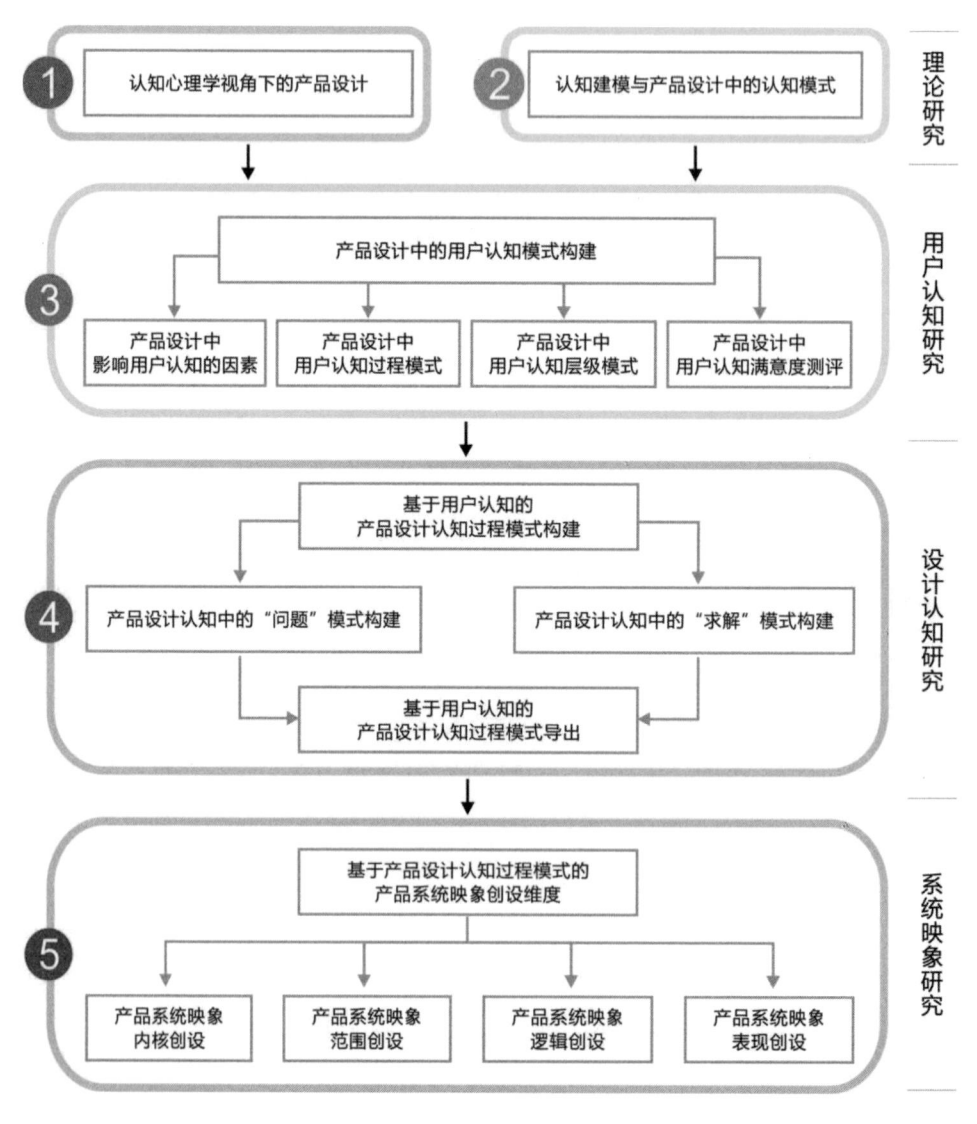

图 7　研究思路示意图

本次研究的研究思路如图7所示，研究内容间的基本逻辑如下。第一部分，从认知、认知心理学、信息加工理论视角重新界定"产品""产品设计""产品信息"的基本定义，明确产品设计的信息属性和认知属性，同时明确产品设计中的认知主体。第二部分，分析和研究影响用户认知过程的内在和外在因素，厘清用户认知的干预路径。第三部分，展开用户认知研究，分别探究和构建"触发—获取—筛选—加工—输出"用户认知过程和"目标—任务""任务—信息/行为流""信息/行为流—信息触点"三个用户认知层级关系，为后续的产品设计编码研究提供思路和依据。第四部分，展开设计师编码过程中"问题"和"求解"的研究，探索和构建UFIC"问题"模式，明确设计认知问题域的内容和核心；探索和构建ADGE"求解"模式，明确"求解"的基本过程和控制过程，并导出UFIC-ADGE产品设计认知过程模式。第五部分，在产品设计编码和解码研究的基础上，从UFIC-ADGE模式出发，结合用户认知过程和层级关系提出产品系统映像创设的维度和路径。

第一章 认知心理学视角下的产品设计
第一节 产品设计中认知研究的理论基础

一、认知与认知科学

1. 认知

认知（cognition）源自希腊文，意即"知识"或"识别"。作为人的最基本的心理活动，认知是指人获取与应用知识的过程或信息加工的活动。[1] 奈瑟尔（Neisser）在《认知心理学》一书中说道："认知就是指感觉输入的变换、简化、加工、存储、恢复以及使用的全过程。"[2] 格拉斯（Class）也在《认知》一书中指出所有的心理能力（知觉、记忆、推理及其他等）被组成一个复杂的系统，它的综合功能就叫认知。美国心理学家休斯敦（Houston）等于1979年在《心理学导论》一书中归纳了不同学者对认知的五种看法：(1)认知是信息的加工过程；(2)认知是在心里进行符号处理；(3)认知是问题的解决；(4)认知即思维；(5)认知是一些相互关联的活动。[3] 以上对认知的五种看法中，前两种是从认知的过程出发，用信息加工的原则对认知的解释；后三种主要说明认知的范畴。

认知过程是个体获取与应用知识的信息加工过程。赫伯特·西蒙认为，一般认为人的认知有三种基本过程：其一为问题解决，采用启发法、手段—目的分析和计划过程法；其二是模式识别能力，指人要建立事物的模式，就必须认识各元素之间的关系，如等同关系、连续关系等，根据这些元素之间的关系，就可以构成模式；其三则是学习，就是先获取信息并将信息储存起来，便于以后使用，学习的形式有所不同，如辨别学习、范例学习、阅读、理解等。[4]

2. 认知科学

认知科学研究"认识过程中信息是如何传递的"，其是研究心智和智能的科学，是智能

---

[1] 彭聃龄. 普通心理学 [M]. 北京：北京师范大学出版社，2010:2–3.
[2] 乐国安，韩振华. 认知心理学 [M]. 天津：南开大学出版社，2011:1.
[3] 乐国安，韩振华. 认知心理学 [M]. 天津：南开大学出版社，2011:1–2.
[4] 车文博. 当代西方心理学新词典 [M]. 长春：吉林人民出版社，2001:301.

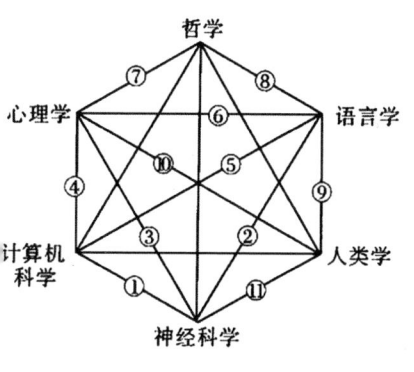

图 8 认知科学相关学科关系图[7]

科学的重要部分。1973 年希金斯（Higgins）在其研究著作中开始使用"认知科学"一词，而"认知科学"一词的公开出现则是在 1975 年 Bobrow 和 Collins 合著的书中[5]，认知科学在 1979 年被正式确立为一门新学科。1993 年，美国科学基金会在华盛顿组织的认知科学教育会议上，与会者一致认为：认知科学是研究人的智能、其他动物的智能及人造系统的智能的科学。认知科学的兴起和不断发展标志着对以人类为中心的认知和智能活动的研究已进入新的阶段。

认知科学研究探索大脑信息加工的认知过程和神经机制，探讨和实现新的神经计算模型，建立物理可实现的计算模型，并总结出认知机理的智能信息处理理论与方法。它的研究方向包括从感觉的输入到复杂问题的求解，从人类个体到人类社会的智能活动，以及人类智能和机器智能的性质。[6]

纵观认知科学的发展成果，其将哲学、心理学、语言学、人类学、计算机科学、神经科学这六大学科整合在一起。这六大支撑学科对人类认知的研究首先形成认知科学的六个核心分支学科；另外，六大学科互相交叉，又产生出十一个新兴的分支学科，它们的关系如图 8 所示。多学科交叉的研究方式使学科间相互交流、融合，其学科发展也备受关注，研究也越来越深入。

认知科学是当下探究人脑或心智工作机制的前沿性学科，其研究目的是要了解智能、认知行为的原理，以便更好地了解人的

---

[5] Bobrow D G, Collins A M. Representation and understanding: studies in cognitive science[M].New York:AcademicPress, 1975.
[6] 史忠植. 认知科学 [M]. 合肥：中国科学技术大学出版社，2008：前言 i.
[7] Pylyshyn Z. Return of the mental image: are there pictures in the brain [J].Trends in Cognitive Sciences, 2003, 7: 113–118.

心理，了解教育和学习，了解智力的能力，开发智能设备，扩充人的能力。认知科学的兴起与发展标志着对以人类为中心的心智和智能活动的研究已进入新的阶段，其发展必将为信息技术的发展注入新的活力，并将进一步为信息科学技术的智能化做出贡献。

二、认知心理学概述

1. 认知心理学的概念

认知心理学从广义来说，指一切以认知过程为对象的心理学研究，是现代心理学研究的基础理论；从狭义上讲，专指信息加工认知心理学，即采用信息加工观点和方法研究认知过程。[8] 认知心理学确立于20世纪60年代，发展至80年代，已成为当时西方心理学界盛行的一个新流派，基本上取代了传统行为主义心理学而在西方心理学领域居主导地位。

认知心理学的主要特点包括以下五个方面。（1）强调知识对认知和行为的决定作用。认为认知活动时，作为外部世界内化的有关知识单元和心理结构图式被激活，使人产生内部知觉期望，以指导感觉器官有目的地搜寻和接收外部的特殊信息。（2）强调认知结构和过程的整体性。认为认知活动要进行整体的综合分析，既需要感觉器官的活动，又需要中枢对信息进行加工，与过去的知识相对照，进行分析综合，以确定认知对象的意义以及认知过程中各种因素的影响。（3）强调产生式系统。将计算机科学引入心理学研究，用以说明人在解决问题时条件—活动的程序。（4）强调表征的标志性。认为外部表征、类比表征、程序表征代表外部世界储存在人脑中的信息，研究语言、符号各种表征的性质，构建表征模型是认知心理学的重要课题。（5）强调揭示认知过程的内部心理机制。采用类比的方法将人脑看作信息加工系统，研究人脑接受、编码、储存、检索和提取信息的全过程。[9]

---

[8] 车文博. 当代西方心理学新词典 [M]. 长春：吉林人民出版社，2001：306.
[9] 车文博. 当代西方心理学新词典 [M]. 长春：吉林人民出版社，2001：306-307.

2. 认知心理学的心理学基础

认知心理学的发展与西方传统哲学发展关系密切，其学科发展的历史可以追溯到两千年前的古希腊时代。当时许多杰出哲学家和思想家如柏拉图、亚里士多德等都对记忆和思维这类认知过程做过思索，认为知识是决定人类行为的主要因素。例如，笛卡儿重视的演绎法、康德的图式概念等已成为认知心理学中的一个主要概念。此外，认知心理学也继承了早期实验心理学的研究方法，如反应时研究法、内省实验法等，这些实验研究方法在认知心理学中被广泛应用，并取得了新的发展。另外，兴起于20世纪初期的格式塔心理学，则主张研究直接经验（意识）和行为，强调经验和行为的整体性，强调以整体的动力结构观来研究心理现象。但格式塔心理学研究局限于知觉领域，格式塔的组织原则也无法解决复杂的人的意向活动和认知活动。[10] 产生认知心理学的重要内部原因是对行为主义心理学的不满和反抗。行为主义心理学认为人的一切行为完全由客观环境决定，但认知心理学强调决定行为的内部机制，并用它来解释人类的行为，认为不仅应该而且可能用客观方法来研究内部的心理过程。[11]

3. 相关学科对认知心理学的促进

语言学、信息论、计算机科学等学科的发展，以及社会需要的推动，共同促进了认知心理学的兴起和发展。

语言学的相关研究对认知心理学的发展有很大影响。其中，论重要性莫过于美国语言学家乔姆斯基（Chomsky）将语言学与心理学相结合所创立的心理语言学，其被认为是认知心理学的一个分支。其研究成果对现代认知心理学的积极贡献主要表现在：首先，论证了行为主义心理学的环境决定论以及操作性强化作用的缺陷；其次，强调对人的认知过程的研究；再次，肯定和支持人的先天能力相关观点；最后，得出语言具有新奇性和生产性的观点，并

---

[10] 黄希庭. 心理学导论[M]. 北京：人民教育出版社，1991.
[11] 乐国安，韩振华. 认知心理学[M]. 天津：南开大学出版社，2011:6.

进一步支持了现代认知心理学所认为的人的认知活动（知觉、记忆、思维、理解等）也具有新奇性和生产性的观点。[12]

信息论是运用概率论与数理统计的方法研究信息传输和信息处理系统中一般规律的新兴学科。其研究的核心问题是信息传输的有效性和可靠性以及两者间的关系。信息论将人视为通信通道（communication channel），即把人看成接收信息并加工信息的信息传递装置；人能同时传递的信息量（通道容量，channel capacity）是有限的，但能通过信息编码（coding）来克服通道容量的局限。信息论认为人具有对信息进行系列加工（serial processing）和平行加工（parallel processing）的能力。信息论的思想对于认知心理学的产生起了重要的作用，其中"信息加工""信息量""编码""通道容量"等许多概念也成为现代认知心理学中重要的基本概念。[13]

计算机科学研究则被认为是产生认知心理学最重要的外部条件。其研究中明确计算机的功能包括信息的输入、存储、加工和输出。而认知心理学研究中对认知的最初解释就是将人的系统看作和计算机一样，它通过各种感官接收信息，经过神经系统不同水平、不同层次的加工，将信息存储在大脑中，然后产生有计划、有目的的行为。计算机科学研究中的形式逻辑和数理逻辑所提出的符号和符号运用概念促进了计算机思想的发展，并且使人们联想到，人类的认知系统也可以被视为符号运用系统，即人类的某些概念可以用符号来代表，而且这些符号可以通过确定的符号运算过程被有意义地加以变换，把心理形式地视为符号运用系统，这也成为现代认知心理学的基础。

另外，认知心理学的兴起和发展与当时的社会历史背景密不可分。尤其是二战期间，许多原本从事基础研究的心理学家被应招从事战争中实际问题的研究，而这些实际问题研究都与人的知觉、判断、思维、决策等原来心理学家不感兴趣的内部心理活动有关。例如，因战争需要，许多操作更为复杂的武器、装备和新兴技术投入使用，对使用者提出了更高的要求，

---

[12] 乐国安，韩振华. 认知心理学 [M]. 天津：南开大学出版社，2011:7.
[13] 朱智贤. 现代认知心理学评述 [J]. 北京师范大学学报，1985（1）:8—12.

如何精确操作这些复杂武器和装备就成了迫切需要解决的问题。心理学家在解决此类实际问题的过程中，也就越来越关注影响这些武器和装备使用行为的内在心理因素。由此促使"人—机"系统概念日渐清晰，各类学者对人操作机器过程中，如何能更好地发挥信息传送器和加工器作用的研究的价值日益明显。"二战"结束后，随着电子、信息、智能技术的迅猛发展，日常生活中的复杂产品和"黑箱"产品的种类越来越多，社会对于人的认知心理研究的需求及应用领域不断拓展，更激发了认知心理学研究者的研究热情，有效地推动了当代认知心理学的发展。尤其是在"人—机"系统研究中，人的知觉、注意、判断研究越发受到重视。

第二节　认知心理学视角下的产品

一、认知心理学视角下的产品定义

一切具有某种实用性，满足某种需要和欲望的人工制成品（事物）都可以被称为产品。它既包括有实体形状的物质产品，又包括无形的非物质产品。物质产品也称为硬件产品，是客观存在的实体产品，这种客观存在是可以通过感觉感知的，但不依赖于用户的感知而存在，是具有稳定的物质形态和功能并直接与用户接触的产品。非物质产品又分为两类：软件产品与服务产品。软件产品是由程序、数据和文档组成，通过有效的信息处理，能够满足用户功能要求的信息系统的集合。服务产品由服务系统和服务流程构成，服务产品不是在具体的物品形式上，而是在服务活动形式上；其在发掘用户需求的基础上，通过构建服务系统，优化服务流程，提升服务接触点满意度，通过创新用户体验方式为用户提供产品价值。

从认知视角出发，不论是物质产品，还是非物质产品，都是以满足用户需要为目标的信息源，是用户获取有效产品信息的信息载体。产品作为信息载体为用户的信息加工提供线索、指引和帮助，指导用户生成概念、问题求解，以及替代用户进行部分信息加工，并为用户认知输出的行为指令集、态度与情感、知识与经验等提供媒介和工具，从而达成用户认知活动的目的。

二、认知心理学视角下的产品分类

现代产品的分类可以分为两个视角，即产品构成分类和产品用户满意度层次分类。前者从产品构成的完整性出发，表述了产品认知的对象和内容；后者则关注用户对产品感受的层次，表述了产品认知体验的满意度。

菲利普·科特勒（Philip Kotler）提出产品的整体由核心层、形式层、延伸层三个层次构成，包括产品的实物形态、服务、个性、场所、组织和思想等，强调产品的整体性和完整性，其相互关系如图9所示。[1] 其中，核心层是产品最基本的层次，提供满足用户需要的基本效

---

[1] Philip Kotler. 营销管理 [M]. 梅清豪，译. 上海：上海人民出版社，2003:454–456.

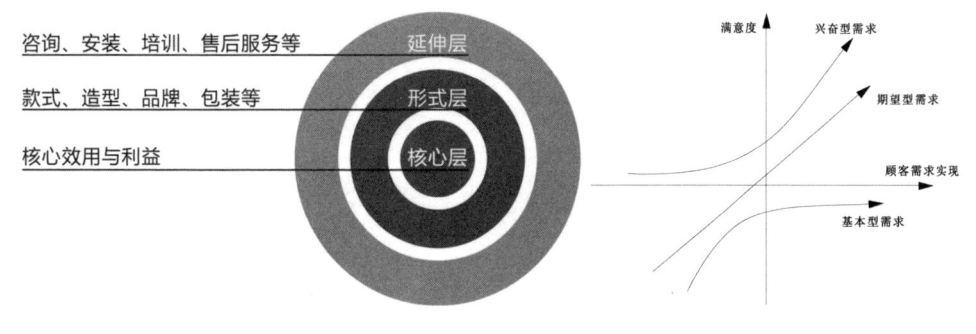

图 9　产品构成层次示意图　　　　　　　图 10　用户需求的 KANO 模型

用与使用价值，一般由相应的技术、结构、使用方式等构成，是产品基本效用和使用价值的保障，是由功能构成的产品基本价值。形式层是产品核心层的载体，是满足用户需要的各种具体的产品形式，是用户能够识别和使用的核心层的外部特征。形式层不仅包括产品的形态、色彩、材质等，也包括产品的款式、造型、品牌和包装等。延伸层是用户在购买产品时附加获得的利益和服务的总和，如安装、维修、咨询、运送、培训及其他服务。

产品满意度分类则基于日本东京理工大学教授狩野纪昭（Noritaki Kano）提出的 KANO 模型[2]，该模型表述了用户需求实现与满意度的相互关系。根据 KANO 模型，可将产品分为三种类型：基本型、期望型和兴奋型。（图 10）基本型产品是用户认定的产品应该具备的属性和功能，是产品"必须有"的属性或功能。当产品不能满足用户的基本需求时将引起用户的强烈不满。期望型产品是指产品具有用户期望得到的产品属性和功能，期望型需求在产品中实现得越多，用户满意度越高；有些期望型需求是用户不能明确表达的，但是是他们希望得到的，需要设计者去挖掘、发现和表达；当期望型需求成为常态时，即转化为基本型需求。兴奋型产品是指产品出现了用户完全出乎意料的产品属性、意想不到的功能，因此让用户非常满意；由于兴奋型需求是用户没有意识到的，所以在设计中如果没有充分满足，并不会使用户不满，

---

[2] Kano N, Seraku N, Takahashi F, et al. Attractive Quality and Must be Quality [J]. Hinshitsu（Quality, The Journal of Japanese Society of Quality Control），1984，14（2）：39–48.

但如能满足这种需求，则会大幅提升用户对产品的满意度；兴奋型需求在得到满足后，逐渐转化为期望型需求。

三、认知心理学视角下的产品信息分类

以用户和产品作为认知主体，就其认知介入的复杂程度，可以将产品信息分为表征信息、变量信息、赋能信息三类。

1. 产品表征信息

产品表征信息是指产品完成生产后，所产生的稳定的用户认知对象，其不会因为用户等外界因素的变化而发生变化，是产品使用过程中不变的信息。产品表征信息主要以物质产品为载体，是产品及其部件之间相互作用的特性或状态的外显，包含产品功能信息和非功能（如审美、象征、情感等）信息。表征信息是传统工业化、机械化产品中的产品信息主体，在用户认知活动中呈被动状态。

用户在对产品表征信息的认知中，会形成较为稳定的表征认知结论，并生成相对应的概念、语义、指示、经验、体验等，随着使用频次的增加，认知规则、认知习惯和认知经验等逐渐生成，用户对相同的固态信息认知加工过程也会变得极为短暂，甚至产生不易被察觉的下意识认知。产品信息加工主体为用户，用户掌握信息加工和产品状态的完整控制权。以表征信息为信息主体的产品功能相对简单，信息对应关系相对明确，认知过程中基本无"黑箱"现象，用户认知差异与认知摩擦现象均不明显。对于产品表征信息的设计研究还涉及产品语义学、产品符号学等领域。

2. 产品变量信息

产品变量信息也可称为"输入—输出"信息，是产品使用过程中因用户活动而改变的信息，产品根据用户控制变量的变化做出自动反应，并表现为产品状态和信息的变化。自动化是机械化的高级阶段，随着电子、信息、控制等技术的发展，产品具备了在用户参与的情况下，

按照用户预设要求，自动完成特定的作业，达成预期功能目标的能力。在用户控制下，产品作为认知主体之一，辅助用户的信息加工过程。用户对信息加工过程的作用主要为触发、控制、决策，即"输入"作用，而产品替代用户完成信息加工输出中的重要行为动作，将用户从繁重的体力劳动中解放出来，能够降低用户工作强度，并极大地提高劳动生产率。

自动化产品的输出信息与用户输入的控制变量有着明确的对应关系，产品在用户控制下具备一定的认知加工能力。当产品的自动化信息中控制变量较少时，对于用户而言能够较为容易地理解，则认知过程简单，认知负荷也较小；当产品控制变量逐渐增加时，用户认知负荷将成倍增加，需要经过学习才能理解和掌握，只有当用户掌握"输入—输出"逻辑，并生成变量集与产品反应的对应关系结论，用户针对性的认知能力得到提升后，其认知负荷才能降低。因此，产品变量信息的复杂性，是这类产品的新手用户与专家用户认知差异的主要原因。

随着产品自动化的不断发展，其功能、原理、结构、控制都变得越来越复杂，产品"黑箱"现象出现并加剧，用户理解、控制和使用产品的难度增加，对于用户认知能力的均值要求不断提升，物质与非物质形式的控制界面逐渐成为用户与产品信息交互的主体，用户与产品的认知摩擦也变得越来越突出。同时，由于变量信息是建立在逻辑思维的基础上的，往往会呈现出以功能信息为主，审美、象征、情感等信息缺失的现象。

3. 产品赋能信息

赋能信息是指产品中模仿人类智能的信息。与变量信息相比较，其信息加工过程表现出类似人类某些智能，产品具有"独立"的认识能力和判断能力。这类智能化产品作为认知的主体，具备自动获取产品内外部信息、问题求解式信息加工、判断决策与控制、自我学习与修正、主动对外交流等能力，用户由使用产品向与类人型智能产品进行信息交流和互动转变。

赋能信息是变量信息的高级阶段，或者说是产品对于复杂变量的系统再加工。产品的认知能力得到了大幅度增强，用户认知过程中，以产品控制为目的的信息加工过程被产品认知取代，用户发送给产品的指令由控制指令向目标指令转换，即用户从原有的指导产品怎么做，转向只需要告诉产品做什么，甚至可以由产品通过采集用户使用习惯和大数据分析自行判断用户需要。产品赋能信息的应用不仅减轻和替代了用户的大部分体力劳动，还减轻和替代了用户的部分脑力劳动，大大降低了产品对用户认知能力的要求。

虽然赋能信息在产品中的应用还处于初级阶段，但这是产品信息发展的重要方向。需要注意的是，赋能信息的认知逻辑是公理性或专家性逻辑，而用户则存在个体差异，因此如何提升产品的包容性、减轻产品的设计排斥，在保障用户个性化需求得到满足的前提下，削减用户认知差异是赋能信息定义和设计中的重要课题。同时，用户控制性认知活动的减少，必然会导致用户认知过程中产品"黑箱"现象的加剧。如何调节和创设认知规则，削减用户与产品的认知摩擦，提升产品可用性与用户体验，是产品赋能信息应用中亟待解决的现实问题。

四、认知心理学视角下的产品发展趋势

随着电子信息、互联网、人工智能等技术的发展，产品正在发生巨大变化，从认知心理学视角出发，产品的信息源特征越发明显。其主要呈现出以下特征。

1. 物质与非物质产品加速融合

产品的软硬件共同构成产品的信息加工系统，并通过互联网、人工智能等技术实现了远程信息交换与加工，信息流作为"人—物—场"相连的纽带和桥梁，成为产品重要的组成部分，也是用

图 11　苹果手机与应用 APP

户进行产品认知的核心线索。产品硬件成为信息载体的同时，也决定了产品是否具有信息加工能力及其能力的强弱，软件则不仅成为产品系统的重要组成部分，还成为用户的认知和控制产品信息加工过程和结果的关键。如图 11 所示，苹果手机上可以选择各种功能不同的 APP，可以不断拓展基于用户个性化需求的产品功能集，而软件的升级可以在保持硬件产品不变的情况下，完成产品功能的增设与优化。

2. 产品认知主体不断拓展

对于传统物质产品而言，用户是产品认知活动的唯一主体。随着电子信息技术的发展，产品成为软硬件构成的信息加工系统，产品本身具备了信息加工能力。随着人工智能等技术的不断进步，产品的认知主体由用户扩展到具有信息加工能力的产品本身，产品的认知能力也得到了快速提升。与此同时，移动互联网技术的进步达成了不同产品间的信息链接、交换和互动,通过信息数据实现了物物相连,并实现了用户对软硬件产品的实时及远程交互,大数据的加工与存储从产品中脱离出来,其提供的数据分析与信息推送等数据服务系统与运营商成为产品认知的新主体。图12所示的谷歌无人驾驶汽车,其研发目标就是以汽车代替用户,车辆成为驾驶活动的认知主体,实现自主驾驶。随着产品认知主体的增加,产品中认知研究的范畴不断扩大,认知科学的研究成果对产品发展的推动作用越来越显著。

3. 认知负荷催生认知转移

现代产品功能越来越复杂,其信息量与认知负荷不断增加,就产品信息总量而言,硬件产品信息量占信息总量的比例总体呈现出下降趋势,而基于软件的信息交互则越来越多,产品对于用户认知能力的要求也越来越高。随着产品认知能力的提升,不仅出现了基于信息技术的被动认知产品(用户控制信息的输入,对产品进行信息加工,并指导用户进行产品操作),还出现了基于人工智能技术的主动认知产品(产品可以主动获取信息,进行信息加工,并按照信息加工结果操作和控制产品)。产品通过模拟用户的思维过程和智能行为,能够完成以往需要人的智能才能胜任的工作。图13所示的海尔空气盒子,不仅能够实时监测室内空气质量,还能够根据监测结果,自动控制空调、空气净化器等相关设备,并提供空气质量的相关数据。认知过程由用户向产品的转移,通过简化产品操作步骤,可以降低用户的认知摩擦和认知

图12 谷歌无人驾驶汽车[3]

③ 图片来源:https://www.xny365.com/green-car/article-12595.html。

图 13 海尔空气盒子

负荷,提升产品的包容性和用户体验。

4. 功能产品向过程产品转化

随着产品智能化水平的不断提升,产品功能达成对用户的各个维度的要求均逐步降低,产品功能的实现变得越来越简单,在确保产品功能达成的前提下,用户在产品使用过程中认知体验的满意度逐步成为评价产品是否优秀的重要标准。用户对产品的需求不再局限于产品本身,在生理需求和物质层面满足的基础上,越来越强调心理需求和精神层面的满足,越来越多地包含了情感满足、人文关怀、个性表达、互动体验、品牌形象以及附加服务等方面的要求。图 14 所示为奔驰 S 级汽车中设置的"畅心醒神"功能,该功能预设放松、提神、温暖、活力、愉悦和舒适六种模式,一键操作即可联动空气调节系统(空调、空气净化和香薰)、座椅(姿态、温度和按摩)、64 色环境照明系统和多媒体系统等,通过视觉、听觉、嗅觉和触觉等感官通道,共同提升用户驾驶过

图14 奔驰S级汽车"畅心醒神"功能 [4]

程中的综合体验。同时,产品正在由过去被动地接受用户设定的任务,向主动参与任务设定,智能判断如何为用户提供服务的方向发展。在这样的产品转化背景下,用户认知过程研究和产品对于用户思维及智能的模拟研究对于提升产品品质和用户体验满意度均具有重要的现实意义,也是认知科学研究成果重要的应用领域。

[4] 资料来源:https://k.sina.com.cn/article_6402683241_m17da131690010058gx.html,2019-2-6.

第三节　认知心理学视角下的产品设计

一、产品设计与工业设计

一般认为产品设计即狭义的工业设计。1980年国际工业设计协会（ICSID）对工业设计的定义中，工业设计的对象为"批量生产的工业产品"，主要是指"物质产品"。在这个定义中，工业设计范畴包括传统产品设计及其相关的包装、宣传展示、市场开发等领域，是基于产品导向的设计理念。这个阶段的产品设计是工业设计的核心，从产品构成层次分类上看，其设计重点是产品的形式层。

2015年国际工业设计协会更名为国际设计组织（World Design Organization），并发布了工业设计的最新定义。工业设计的概念和内涵进一步扩大，被描述为"一种将策略性解决问题的过程"，更明确了工业设计的目标，即"通过其输出物对社会、经济、环境及伦理方面问题的回应，旨在创造一个更好的世界"。在新定义中，传统"物"的设计概念被淡化，强调产品应与系统、服务、体验或商业网络等要素结合，以创造新的价值以及竞争优势。虽然定义中产品的概念有待进一步明晰，但产品设计理念已由"产品导向"向"用户导向"转化，物质产品与非物质产品的融合成为产品设计的必然趋势，从产品构成层次分类上看，与传统产品

图15　产品设计范畴示意图

设计专注于形式层不同，其设计研究范畴呈现出"一主两翼"的研究格局，如图15所示，产品设计中的产品价值定义、产品系统映像生成、产品服务定义，分别与产品的核心层、形式层、延展层对应。在进一步深化形式层创设的基础上，强化产品核心层定义和延伸层拓展中的设计介入，强调产品的整体性和系统性。

在物质产品与非物质产品融合的背景下，产品的认知主体不断拓展，产品的认知能力和智能化程度不断增强，功能型产品正在向过程型产品转化，用户原有的产品功能实现与形式审美诉求也发生了根本变化，用户感知、行为、情感等方面的综合体验成为衡量产品品质的核心标准。从认知视角看，任何形式的产品对于用户而言都属于外部信息，产品的软硬件和服务共同作为用户认知体验过程中的信息源，只有通过认知过程，用户才能感知、使用并产生体验与评价。因此，以用户认知为线索，以用户认知心理满足为基础的产品创新研究，正逐渐成为信息化高技术背景下产品设计理论及实践研究共同关注的焦点。

二、认知心理学视角下的产品设计定义

美国认知心理学家赫伯特·西蒙是最早将设计作为"人为事物创造过程"心理现象研究的学者。他在著作《关于人为事物的科学》中认为设计是"一门人技科学的心理学"，强调设计"问题求解"的过程，是对设计主体（人）和设计对象物（人为事物）的描述和理解。[1]2004年，悉尼大学教授约翰·杰罗（John Gero）在其主持的"设计计算与设计认知"（design computing and cognition）学术会议上，比较明确地提出了设计认知研究的方式和内涵：设计认知研究是以认知科学和设计学为基础，在自然或实验室条件下研究设计者和用户的认知；设计研究一方面促使设计领域更多进入包括人工智能等新技术和新方法，另一方面促使这些新技术和新方法更加适合设计。[2]劳尔森（Lawson）进一步指出，设计是在一个情境中多个制约条件约束下的寻找合适解决方案的思维活动。[3]设计不可能依靠将已有知识简单提取出

---

[1] Simon H A. The Sciences of Artificial [M]. Cambridge: MIT press, 1969: 112.
[2] Gero J S. Design Computing and Cognition'10[M]. Berlin: Springer press, 2011: v - vi.
[3] Lawson B. How Designers Think: The Design Process Demystified[M]. London: Architectural press, 2005:117–132.

来去解决实践问题，只能根据具体情境，往往不是单以某个概念原理为基础，而是通过多个概念、原理以及大量的经验背景的共同作用而实现的。[4]

综上所述，可以将产品设计定义为以产品作为设计对象的创造性问题求解的思维过程，是设计师以用户需要为导向，明确设计问题，提出产品概念，并在一定的限制性约束和环境下，运用相关的能力、知识、经验，创造性地对产品相关信息进行加工处理，并根据有限的条件做出判断和决策的过程。认知科学探究和解释用户在产品使用过程中心智的状态和变化规律，分析影响用户认知的内部和外界因素，明晰用户认知的干预路径；设计师以此为依据厘清设计问题域，发掘和设定设计问题，通过对问题的分析、定义、生成、评价等求解过程，从不同的创设维度生成高品质的产品设计方案。

三、产品设计中的认知主体

认知心理学为产品设计中的认知研究提供了坚实的理论基础和研究方法。从认知心理学出发，产品设计中的认知，首先是设计师根据用户需求和用户认知特征定义产品信息，并对产品信息进行"编码"；其次是生成承载相关信息并承担部分信息加工任务的产品系统，包括物质产品和非物质产品；最后是用户通过对产品承载信息的"解码"认知产品信息，达成使用目的，满足自身需求，并对认知输出的结果进行内化和评价。产品设计中的认知主体包括用户、设计师和产品。

1. 用户

用户是指产品的使用者，产品设计中用户认知是用户在产品使用过程中的信息加工过程，研究围绕用户对产品信息的获取、加工、输出过程中的基本要素和规律展开。用户作为产品的使用者，其认知活动的综合满意度决定了产品的成败，是产品设计的基础，是设计师认知

---

[4] 赵江洪. 设计研究和设计方法论研究四十年 [M]// 设计史研究：设计与中国设计史研究年会专辑. 上海：上海书画出版社，2007:24.

中问题发现的前提。在产品设计中，基于认知心理学的理论和研究成果，产品设计中一般采用用户心智模型作为用户认知需求、要素、特征、规律等研究的工具。产品设计中的用户认知可分为目的性认知和过程性认知。

目的性认知以获得产品功能价值为核心指向，用户通过对产品信息流系统中各信息触点的认知活动，获取产品信息，经信息加工后，生成正确、高效的行为指令集，产品保障用户顺利达成产品使用功能和目的，解决用户如果不使用该产品就难以解决的现实问题。其认知活动更倾向于理性思维方式，评价标准主要为功能有效性、达成度、高效性、易用性、容错性、一致性、可控性等产品可用性指标。

过程性认知以获得产品心理价值为核心指向，强调用户在产品各信息触点的认知过程中的用户情绪、情感等心理反馈。过程性认知是用户认知中的一种主观感受，以目的性认知为基础，以情感的外显和内隐性输出为表现，认知活动更倾向于感性思维方式，其评价标准主要为审美性、社交性、反思性、情感性、多样性、独特性等用户满意度指标。

2. 设计师

设计师认知是设计师的信息加工过程。设计思维是设计师问题求解的思考方式，而设计师往往是主动寻找问题并解决问题，同时又发现新的问题，其基本特点是"主动性和实践性"（optimistic and proactive）。[5] 麻省理工学院教授肖恩（Schön）提出设计思维和问题求解活动的本质是"行动中的反思"（reflection in action）的认知活动，也称"实践反思"（reflective practice）[6]，英国开放大学教授克洛斯（Cross）认为仅仅研究设计的方法或者"设计应该是什么"并不能真正理解设计的本质，也无法解释"设计究竟是什么"的问题，认为只有"设计师的知道方式"（designerly ways of knowing）才是设计研究的主题。[7] 这里的"知道"从

---

[5] Owen C.Design Thinking. What it is. Why it is different. Where it has new value[C]. The international conference on design research and education for the future, Gwangju, Korea, 2005.
[6] Schön A D. The Reflective Practitioner, How Professionals Think in Action[M]. NY: Basic Books Press, 1983:45.
[7] Nigel Cross. Designerly ways of knowing[M]. London: Springer Press, 2006:67–74.

本质上看就是认知。

克洛斯定义了设计师式认知的五个方面：（1）解决的是"未明确定义的问题"；（2）解决问题的模式是"解决方案聚焦"；（3）思维方式是"创造性的"；（4）使用"编码"来进行抽象需求和具象形式之间的转换；（5）使用"编码"进行读写，转换造物语言。[8] 如果说产品设计是问题求解的过程，那么设计师认知则是设计师编码的过程。设计师认知与产品设计程序中问题发现—设计定位—方案生成—方案测评—设计表达的过程相一致，成为产品设计的核心，设计师认知输出的是产品的设计师模型，一个优秀的设计师模型应该在原有产品用户模型研究的基础上，打破原有程式，创设和引导用户的需求，并为用户创设超出期望的新价值。

3. 产品

产品认知是由设计师定义和设定的，其作为认知主体主要包括两个层面：首先，产品是设计师编码的信息载体，是用户认知的对象；其次，具备信息加工功能的产品，能够模拟用户的认知过程，产品成了信息加工的主体。随着科技的发展，产品认知能力发展迅猛，作为认知主体的产品，其认知能力不断增强，呈现出从自动化产品认知向智能化产品认知的发展趋势。

基于自动化技术的产品认知是产品按照设计师认知定义的要求，在用户的参与和控制下，通过对用户输入的信息进行信息获取、信息加工、操作控制，实现产品状态显示、生成选择方案、辅助信息筛选、产品状态控制等预期目标的过程。自动化产品通过简化产品使用的行为与动作的数量和强度，将用户从繁重的体力劳动中解放出来，极大地提高了产品的使用效能。基于智能化技术的产品认知，是在自动化产品认知的基础上，将传感器、物联网、移动互联网、大数据分析、人工智能等技术融为一体，能动地满足用户需求。智能化产品认知能够自主获取外部信息，主动进行信息加工和产品控制，实现与外界事物的信息互联与交换。

---

[8] Nigel Cross，设计师式认知 [M]. 任文永，陈实，译. 武汉：华中科技大学出版社，2013:30.

其通过对人类的意识、思维、学习等过程的模拟，具备原来需要人类智能才能完成的复杂信息加工任务，不仅能够更好地完成用户目的性认知的过程，还能够极大提升用户过程性认知的品质。

作为认知主体的产品，通过替代用户完成相关认知任务，从而有效降低用户的认知负荷，简化行为动作，弥补用户能力的不足，充分发挥产品的功能作用，并拓展产品的包容度，是提升用户认知效率和质量等的方式，为用户提供现实价值并提升用户体验。由于产品认知能力的不断增强，原有产品用户模型中的用户信息加工过程和行为动作，均可以由产品替代或辅助完成，这样的变化势必改变产品的使用方式、行为方式，进而改变用户的生活方式。

四、产品设计中的认知差异

认知差异是指不同认知主体自身认知特征的不同导致的认知过程及认知结果的区别与差异。唯物辩证法认为，世界上没有绝对相同的事物，从这个角度来说，认知差异是普遍存在的。产品设计中的认知差异主要描述的是用户与用户、用户与设计师、设计师与设计师之间不同的认知特征导致的认知差别。

1. 用户与用户的认知差异

用户与用户的认知差异主要表现为用户需要与动机、性格与态度、能力与知识等方面因素导致的差异，其决定了用户模型的生成基础，以及获取和习得新的用户模型的能力。基于用户认知差异，艾伦·库珀（Alan Cooper）将用户分为初级用户、中级用户、高级用户等不同的用户级别，以便在产品设计中区别对待，生成更加有针对性的设计师模型。对于用户认知差异的研究，能够帮助设计师定义产品的目标用户，明确产品概念，并以用户认知需求、特征、经验等为设计导向，发现设计问题，优化用户体验，使产品更符合用户的习惯和期待。

2. 用户与设计师的认知差异

用户与设计师的认知差异是两者对产品的理解、价值标准、关注重点、使用经验、知识结构、思维方式等方面存在的差异导致的认知差别。一般说来，人总是从自身的立场和视角去思考问题，更多地关注自己，并本能地试图说服别人认可自己的观点。很多设计师都是下意识地抱着评价者、管理者的态度，只是运用自身专业知识和思维能力去体验自己所要的产品，并没有在用户实际应用场景中使用过自己所设计的产品，"想当然"的设计必然导致认知差异的产生和扩大。

"自我视角"向"用户视角"的转换是消除用户与设计师认知差异的主要路径，设计师需要设身处地地体验用户的产品使用过程，不带任何评价地去了解用户的感受和体验，通过探究用户角色、理解用户观点、分析用户行为、感受用户情感变化等研究，探查产品对用户经验意义的改变趋向，用户使用场景的共情性回应，进而从用户视角中发现产品问题，甚至能从用户的反馈中找到解决方案。喆塞尔（Zeisel）认为，设计师应该在设计过程中形成心理上和行为上的意图，并通过设计来满足用户的期望。⑨需要注意的是，从用户视角出发的设计，并不能完全等同于对用户期望的复制，一个好的设计应该超出用户的期望，创造并引导用户的需要。⑩

（3）设计师与设计师的认知差异

设计师与设计师的认知差异主要表现在问题发现、问题聚焦、方案生成、评价决策及设计表达等设计阶段中能力的差异，直接影响到设计师模型生成的品质和效率。譬如，在面对相同设计任务时，能力强的设计师思路清晰，可以运用更多的知识、经验以及丰富的记忆存储，更加高效地处理设计任务；而能力弱的设计师可能在同样的设计任务面前效率低下，甚至不知所措。前者相对后者在认知过程中则具有明显的优势。设计师认知差异一般从提升设计管理水平和提升设计师能力水平两个方面来进行调节。在设计管理中，通过明确设计程序、岗位协同、分解任务并辅以设计工具的运用等方式，从而降低设计任务的难度和复杂度，便

---

⑨ Zeisel J. Inquiry by design: tools for environment behavior research. Cambridge: Cambridge University Press, 1984, 34.
⑩ DraperS W. Design as communication. Human Computer Interaction, 1994, Vol. 9（1）: 61–66.

于设计师解决设计问题；设计师能力的提升则主要通过培训学习和设计经验积累的方式获得。

五、产品设计中的认知摩擦

随着产品信息化程度的提高，产品信息的复杂程度不断增加，产品与用户之间的认知距离也逐渐增大。用户在使用由设计师定义的产品时，产品系统映像对于用户而言难以理解，导致用户在产品信息的获取、加工、输出等认知过程中面临困难，无法预期操作结果，从而导致用户面对产品时不知所措，甚至在使用产品过程中时常出错，导致产品可用性、易用性降低；在搞不懂、用不了的状态下，用户与产品的情感共鸣更是无从谈起。艾伦·库珀在其著作 *The Inmates Are Running the Asylum* 中将这种现象命名为"认知摩擦"，并将其定义为"当人类智力遭遇随问题变化而变化的复杂系统规则时遇到的阻力。"[11]与认知差异相比较，认知摩擦强调的重点是产品所带给人的认知阻力。从表象上看，认知摩擦发生在用户模型与产品系统映像之间，但由于系统映像是由设计师模型定义产生的，所以究其根源是因为设计师和用户之间的认知差异性。

唐纳德·A.诺曼从认知心理学的视角出发，针对日常用品进行易用性研究时发现，认知摩擦并不仅仅存在于软件界面设计领域中，在产品中也普遍存在。例如，面对结构复杂的钢琴，如图16所示，用户虽然不知道如何奏出一支曲子，但是他们都很明确

图16 钢琴

图17 数码单反相机

---

[11] Alan Cooper. 交互设计之路：让高科技产品回归人性 [M].Chris Ding, 译. 北京：电子工业出版社, 2006:18.

地知道当弹奏琴键时，会发出不同的声音，"形式即内容"的编码方式，使钢琴的结构一目了然，从用户与产品接触的初始就已经被用户了然于心，可以预知其操作结果。相较于机械化产品操作结构的明确性和结果的单一性，信息化产品打破了用户操作指令和传统机械产品行为"一对一"的对应关系，用户很难对自己行为所产生的结果进行准确的事前推测，往往在产品面前更容易手足无措。图17所示的数码单反相机，其界面中存在较多初级用户不易理解的文字和图标信息，导致许多用户由于不知道如何使用部分复杂功能，而直接忽略这些功能的存在。产品系统映像是连接设计师模型和用户模型的关键，产品设计研究需要考虑设计师、产品和用户三者之间的关系，并构建设计师、产品和用户之间的交互，强调设计的生成和产品的解释都是通过感性感觉和理性逻辑两种渠道共同进行编码和解码。[12]信息时代背景下，新技术、新产品不断涌现，产品承载的信息量和复杂程度不断增加的同时，市场细分程度也不断增加。每一个新产品、新功能或者产品使用的不同场景，对用户而言都意味着对原有用户模型的修订或生成新的用户模型。从这个角度讲，产品系统映像决定了用户是否能够不断克服新的认知摩擦，从而保障产品的正确使用，并获得良好的用户体验。

---

[12] Lee S H, Harada A, Stappers P J. Design based on Kansei. In: GreenWS, Jordan P W（Eds.）. Pleasure with Products: Beyond Usability[M]. London: Taylor & Francis press, 2003: 220.

本章小结

　　本章第一节阐述了认知的概念以及认知活动的过程、认知科学的概念以及认知科学与相关学科的关系，阐述了认知心理学的概念、认知心理学的心理学基础、相关学科对认知心理学的促进作用，以及社会需求对认知心理学的推动。第二节从认知视角出发，阐述了产品的定义，提出了"产品是用户获取有效产品信息的信息载体"的观点，从产品构成的完整性和用户对产品的满意度两个视角分析了产品的分类，提出了当代产品信息的分类，并提出了现代产品发展的四个趋势。第三节厘清了产品设计与工业设计的相互关系，提出"产品设计是将产品作为设计对象的创造性问题求解的思维过程"的观点，从认知心理学中信息的"编码"与"解码"理论出发，分析了产品设计中的三个认知主体，解析了产品设计中认知差异和认知摩擦的相关理论。通过研究，厘清和明确了认知、认知科学、认知心理学、信息加工理论等概念与内涵；从认知视角出发，提出了"产品""产品设计"定义，分析了产品的发展趋势；明确了产品设计中的认知主体，提出了产品信息的分类，解析了产品设计中的认知差异与认知摩擦。本章为后续研究打下了较为坚实的理论基础。

第二章 认知建模与产品设计中的认知模式

第一节 认知建模与认知模式

一、认知建模的概念

认知建模是一种通过构思和实现等方法建立包括感知与注意、记忆与学习、问题解决、决策、运动控制等认知模式的技术,是描述人的认知行为并能够有效评价认知模式的重要手段。[1]通过认知建模所构建起的认知构架是以认知科学为基础的"组织性框架",其研究内容包括认知主体的认知过程、认知内容及其层级关系。

诸多学者分别从认知心理学、人机交互、人工智能和认知神经学视角等视角展开研究,通过认知建模模拟人脑认知活动的层级和过程,研究提高认知绩效、促进人机和谐的内在规律,其诸多研究成果为认知机制研究做出了巨大贡献。其中,基于认知心理学视角出发的研究,主要研究信息加工过程中的感知觉、注意、记忆、信息加工与模式识别、问题解决等问题,为揭示用户认知要素和过程提供了主要参考。人机交互视角关注交互系统中人与其他要素的互动,包括认知负荷、认知规则、认知绩效、可用性、防错容错等[2],其对优化用户认知行为有着重要意义。人工智能视角为产品模拟用户认知思维提供理论支撑,试图通过认知建模达成计算机模拟人类智能以实现机器智能的目标。[3]认知神经学视角则涉及神经心理学、神经科学及计算模式等,使用脑度量方法如脑电图(EEG)、功能磁共振成像(FMRI)来解决形式化模式内部无法解决的问题,认知建模为神经科学研究提供指导,对神经机制的理解则又为认知模式构建提供关键要素[4],其研究成果不仅解释认知的脑机制,也为认知测评提供了技术手段和方法。

---

[1] Eby D W,Molnar L J,Shope J T,et al.Improving older driver knowledge and self-awareness through self-assessment: The driving decisions workbook[J].Journal of safety research,2003,34(4):371-381.
[2] C·D·威肯斯,J·G·霍兰兹.工程心理学与人的作业[M].朱祖祥,译.上海:华东师范大学出版社,2003:1-10.
[3] Cassimatis N L.Artificial Intelligence and Cognitive Modeling Have the Same Problem. In Theoretical Foundations of Artificial General Intelligence[M].Atlantis Press,2012:11-24.
[4] Forstmann B U,Wagenmakers E J,Eichele T, et al.Reciprocal relations between cognitive neuroscience and formal cognitive models:opposites attract?[J].Trends in cognitive sciences.2011,15(6):272-279.

二、认知建模的典型认知模式

认知心理学建模研究中因相关支撑学科的广泛性，产生了多种认知建模模式，如符号模式、联结模式、行为模式、认知体系、贝叶斯模式、动态系统方法等，其中以符号模式、行为模式对产品设计中认知研究的影响最为显著。

1. 符号模式

符号模式的原理主要是物理符号系统（符号操作系统）假设和有限合理性原理，也称为逻辑模式。符号系统建模一般基于数理逻辑，认为思维本质上是从已定的命题和推理规则推导出新命题的过程。符号模式的重要特征就是程序驱动思维，思维可以由算法实现。[5]1976年，艾伦·纽艾尔（Allen Newell）和赫伯特·西蒙提出了物理符号系统假设[6]，说明了物理符号系统的本质。1981年，纽艾尔以物理符号系统为中心，以纯认知功能为基础，建立了认知系统模式[7]。符号模式提出了认知是一个物理符号系统的推论，将计算机设定为物理符号系统，用来模拟人的认知活动。其旨在使人工智能与人类智能之间的类比更为准确和一致，从而帮助人们理解人类的认知。产生式规则是符号模式认知模式的共同特点，其被描述成"条件—动作"的形式，较好地解释了问题求解过程中活动中的信息加工过程和操作行为。目前由符号模式发展出的主要认知模式以美国心理学家约翰·安德森（John Anderson）等提出的 ACT（adaptive control of thought）模式和艾伦·纽艾尔提出的 SOAR（state operator and result）模式为代表，还包括了通用问题求解程序（GPS）、初级知觉和记忆程序（EPRM）、人类长期记忆模式（MEMOD）、人类联想记忆模式（HAM）等。

---

[5] Farkas I. Indispensability of computational modeling in cognitive science[J].Journal of Cognitive Science，2012，13(12):401–435.
[6] Newell A, Simon H A. Computer science as empirical inquiry: symbols and search [J].Communication of the Association for Computing Machinery,1976,19(3):113–126.
[7] Newell A. Physical symbol systems [M].Norman D A.Perspectives on cognitive science. Hillsdale,NJ:Lawrence Erlbaum Associates.

2. 行为模式

行为模式也称为进化主义或控制论学派,其原理是控制论及感知—动作型控制系统。认知建模的行为模式有两个起源:一个在人工智能领域;另一个起源在心理学领域。行为模式的研究思路受到控制论思想的启发,早期的心理学行为模式主张心理学应该研究可以被观察和直接测量的行为,反对研究没有科学根据的意识。20 世纪 40—50 年代,控制论对人工智能领域产生重要影响。控制论把神经系统的工作原理与信息理论、控制理论、逻辑以及计算机结合起来,并融入认知心理学行为模式的"刺激—反应"思想,其研究工作重点是模拟人在控制过程中的智能行为和作用,对自寻优、自适应、自校正、自镇定、自组织和自学习等控制论系统进行研究。20 世纪 60—70 年代,上述这些控制论系统的研究取得巨大进展,并在 80 年代诞生了智能控制和智能机器人系统。行为模式被认为是极具前途的研究模式,其人工智能、遗传算法以及进化计算研究成果为智能研究的变迁带来了新的启示。[8]

---

[8] 刘晓力. 认知科学研究纲领的困境与走向 [J]. 社会心理科学,2005,20(4):10-18.

第二节　产品设计中的认知模式

产品设计中的认知模式研究可分为三个主要内容：首先是以用户为认知主体的用户认知模式研究；其次是以设计师为认知主体的设计认知模式研究；由于设计师与用户是不能直接交流的，所以在两者之间的产品系统映像就成为产品设计中的认知模式研究的第三个主要内容，其也是用户认知与设计认知的桥梁。其中，用户认知模式是设计认知模式生成的基础，设计认知模式定义产品系统映像，产品系统映像既是设计认知的输出结果，也是用户认知的对象。三者互为因果，形成循环，如图 18 所示。

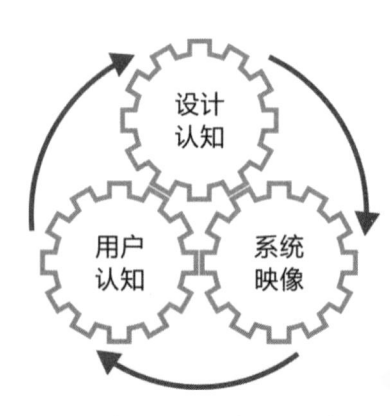

图 18　产品设计中认知模式关系示意图

一、用户认知模式

用户认知模式是以用户作为认知主体的认知模式，其认知目的达成和认知过程体验的满意度是评价产品设计品质的主要标准。产品使用过程中，不同的用户通常是从原有的认知经验出发的，通过对产品系统映像中相关信息的触发、获取、筛选、加工和输出，完成对产品信息的认知活动。用户认知显性输出的动作和行为，完成产品使用的一系列操作，达成产品使用功能；用户认知隐性输出的态度与情感，生成产品信息认知的过程体验；用户认知的品质决定了用户需要满足的综合满意度。

用户认知模式的研究内容主要包括产品设计中影响用户认知的因素、用户认知过程模式、用户认知的层级模式和用户认知测评四个方面的内容。其中，产品设计中影响用户认知的因素研究侧重解析用户认知产品的内外部因素及其相互关系；从认知差异的视角出发，为探查和发掘用户需要、分析和界定用户及用户群特征、解析和创设用户与产品及环境的相互关系，进而明确和设定产品设计定位，为用户提供研究框架和依据。用户认知过程模式研究解析用户对产品信息过程的各个过程的基本属性、构成、特征和系统结构,并明确各个过程设计干预的路径。用户认知的层级模式研究表述用户认知内容的结构特性,解析产品设计中用户认知层级要素及其层级关系,以便在设计中合理分解用户认知目标,确定用户认知内容。用户认知测评则着重于用户认知测评体系与用户认知测评数据获取和分析方法的研究,为设计定位和设计评价提供更为科学的方法和依据。

用户认知模式研究是产品设计中认知模式研究的基础,其为设计认知模式研究提供了依据与目标,同时对产品系统映像进行评价。当产品信息较少、复杂程度低、与用户经验匹配度高时,用户认知负荷就相对较低,用户概念模型的生成和完善难度较低,产品使用过程顺畅,并伴生愉悦的情感共鸣;反之则需要通过设计干预,降低概念模型生成和习得的难度,以保障用户在产品使用中实现产品功能,获得良好的用户体验,提升满足用户需要的综合满意度。

二、设计认知模式

设计认知的广义概念是指设计主体对于设计信息知识状态改变的认知过程,简单地说是设计师(设计团队)针对具体设计目标的主观信息生成过程。其包括设计信息的获取过程、加工过程(设计思维过程)以及输出过程(作为前两个过程结果的信息改变和创新信息生成)。设计认知的狭义概念是指设计活动过程中的思维过程,是设计师(设计团队)完成达成设计目标的思维过程,也有学者将这个过程称为设计认知旅程。设计认知研究是设计学、认知心理学、计算机科学等多个学科交叉的研究领域。[1]

产品设计中的设计认知是将产品作为对象,设计师作为认知主体的问题求解过程研究。在这个过程中,认知的主体是设计师(设计团队),客体是产品,设计认知过程是主体与客体围绕问题发现与问题解决间的认知互动。产品设计中的设计认知是设计师在一系列制约条

---

[1] Cross N.Design cognition: results from protocol and other empirical studies of design activity[M]//Eastman E, McCracken M, Newsetter W.Design knowing and learning: cognition in design education.Amsterdam: Elsevier, 2001: 79–103.

件下，以用户需要为中心，以诸多产品设计问题为驱动，通过复杂的认知过程生成多种解决方案，并对解决方案进行优化及系统化，最终生成产品系统映像解决方案，并将解决方案的计划、设想、构架、表征等，通过视觉、听觉等可感知的形式表达出来的过程。

产品设计中的设计认知模式研究包含在设计认知研究中，设计认知模式研究的成果广泛适用于产品设计认知，主要研究内容包括从"问题"出发的设计认知研究和从"求解"出发的设计认知研究两个方面的研究。其中，从"问题"出发的设计认知模式研究以产品设计认知过程中需要解决的问题类别为要素，并将离散的设计问题结构化、系统化，以明确产品设计认知中需要解决的问题及其逻辑关系，着眼于探索产品设计中设计认知的问题发现与定义，强调拓展设计研究内容创新的广度与深度。从"求解"出发的设计认知模式研究解析产品设计过程中问题"求解"的思维过程，优化设计认知的"求解"程序与方法，提升设计认知"求解"方案的数量与品质。产品设计中的设计认知研究，不仅需要"问题"和"求解"视角的分项研究，更需要以用户认知为导向，将"问题""求解"作为完整系统，进行集成性研究，才能够更好地指导产品设计创新实践。

在认知科学出现之前，传统的产品设计过程中设计师的设计依据是直觉和经验，设计认知研究则更倾向于逻辑和系统化的思考，并通过构建设计认知过程模式来解析设计过程要素，以及问题分析、概念定义、方案生成、结果测评等环节的相互关系。产品设计中的设计认知研究描述设计师的认知活动过程，揭示设计创新活动的基本规律，不但帮助设计师理解设计创新的本质，为面向用户认知的产品设计创新提供理论依据，而且对设计管理结构、流程及评价的优化，设计管理绩效的提升有着重要的指导意义。

三、产品系统映像

系统映像作为源自计算机领域的概念，是指对于计算机系统中相关信息的精确副本，包括系统软件、系统设置、应用程序和各类型文件等，是计算机的系统信息的组合。在需要时，可以使用系统映像对计算机内的信息内容进行完整还原，恢复到系统映像生成时的状态。产品设计中认知模式研究中，基于系统映像概念的特征，从认知视角出发，使用"产品系统映像"

来表达与用户认知产品相关的信息系统组合。这样的信息系统组合由设计认知来设定，可以类比为设计认知的"副本"；同时，这样的信息系统组合不包括用户在获取产品后出现的由用户生成的新信息或信息变化。相同产品数量的增加，也可以类比为信息系统组合"还原"次数的增加。

狭义的产品系统映像是设计师设定的由产品作为信息载体，提供给用户的产品信息系统的组合。广义的产品系统映像除了产品本身承载的信息，还包括用户从产品宣传资料、网站、促销活动、产品说明书等途径获取的产品信息。[②] 在本次研究中，主要针对产品系统映像的狭义概念展开研究。

产品系统映像的研究内容主要包括产品系统映像的创设维度研究和产品系统映像的创新路径研究两个方面。其中，产品系统映像的创设维度研究主要探究创设维度的内容、层级关系，以及其与用户认知及设计认知的关联。产品系统映像的创新路径研究则关注创设维度达成路径的挖掘，细化产品系统映像创新的思路，以切实指导产品设计实践。

产品系统映像是产品设计认知的结果输出和具体体现，包括设计物质与非物质方式的综合呈现；也是与用户概念模型交互的主体和认知对象，是帮助和引导用户感知和理解产品、实现使用目标、满足需要的指南。与用户认知模式和设计认知模式相比较，产品系统映像的研究才刚刚起步。

---

② 唐纳德·A·诺曼. 设计心理学1：日常的设计 [M]. 小柯，译. 北京：中信出版社，2015:33.

第三节　产品设计中认知模式构建的原则

一、用户中心原则

早在 1955 年，人机工程学的奠基者亨利·德雷夫斯（Henry Dreyfuss）在其著作 *Designing for People* 中就已经提出以用户为中心相关概念。以用户为中心，注重用户体验的产品设计创新已经成为当代产品设计界公认的重要设计准则。对于产品设计而言，用户中心原则是以用户为对象的产品价值创造。用户需要的满足和用户意图的达成是产品价值实现的基础，设计师需要站在用户的角度发掘和创设需求，建立场景，才能通过提供解决方案创造价值。这种价值创造不仅针对个体用户，还针对用户群体、企业和社会，是以提升用户生存品质为目的的、多方共赢的、有益的、均衡的和可持续的新价值。

产品设计认知模式的构建中，用户中心原则指导设计师主动获取用户认知模式的初始状态和期望状态，以便设计师获取用户视角和同理心。产品设计中用户认知模式的研究，首先，能够弥补设计师自身知识与经验的不足，通过用户研究帮助设计师挖掘和创设用户真实的显性和隐性需要；其次，能够在产品目标状态创设与定义和解决方案创新与生成过程中防止因设计师的主观臆断而产生的设计偏差；最后，能够为产品设计测评提供方法和参考。

需要注意的是，以用户为中心的原则不是由用户来驱动的设计。产品设计认知的主体是设计师而不是用户，产品设计认知的目的是对用户的价值创设和引导而不是简单地满足与迎合。通常情况下，用户由于知识结构与思维方式等方面的局限，是难以预测未来需要的，如果过度强调和依赖用户调研，常会设计出创新不足的平庸型产品，即"不差"的产品；而对于创新程度高的引领型产品而言，过度强调用户调研反而会成为产品设计创新的枷锁。

二、问题驱动原则

随着社会、科技、经济、环境的不断发展和用户自身状态的不断变化，用户需要随之不断发生变化，设计问题自然被不断提出。设计师并不是被动地去解答用户、市场或企业提出的设计问题，而是根据设计意图主动去发现用户显性设计问题，挖掘并创设用户隐性设计问题。科学问题一般定义明确、目标清晰、解题过程可重复且解题结果一致，并存在最优解，只要按照解题步骤和方法操作就能够达成最终目标，一般把这类问题称为"良好问题"。与科学领域的问题"求解"不同，设计领域问题的定义和目标相对模糊和不确定，解题过程差异较大，会产生多个不同的解题结果；设计问题不存在最优解，最终得出的解题结果一般是平衡和协调相关利益方的满意解。与"良好问题"对应，一般把设计问题称为"病态问题"[①]。

赫伯特·西蒙认为产品设计创新的关键是"求解"过程，设计创造力就是一种特殊的解决问题的能力。[②] 他描述了这种能力的特征，即能够构思新颖而有价值的产品，能够产生非常规的想法，具备高度的积极性与持久性，提出的初始问题是"病态问题"。而以奇克森特米哈伊（Csikszentmihalyi）为代表的学者则认为设计创新的关键是问题发现和定义，问题的发现和定义是问题解决的目标和前提，也是问题解决的约束条件和评价标准。这两种观点其实并不冲突，只是各有侧重，"问题"和"求解"共同构成完整的产品设计认知系统，缺一不可。基于设计问题的"病态问题"特征，设计问题在设计认知之前并没有被定义清楚，问题本身就存在争议，很多设计问题需要设计师在设计过程中不断细化、发现和界定、转换，设计问题本质的显现，只有通过比对具备可能性的解决方案才能实现。布坎南、马格林在著作《发现设计：设计研究探讨》中指出，有些设计问题是在设计师在提出原有设计问题解决方案后，才能够被发现和界定的。[③] 这就说明了在问题"求解"过程中，产品设计认知过程中问题的定义与构建贯穿了问题求解的全过程，"求解"过程中会对原有设计问题进行进一步细化，同时也会催生新的设计问题，问题发现与"求解"方案之间是密切联系、不断循环的动态关系，问题空间与方案空间反复迭代，直到设计问题出现满意解或者被转移、放弃。

三、系统均衡原则

产品设计中的认知模式研究由用户认知模式、设计认知模式为核心和产品系统映像三个子系统共同构成。其中，用户认知模式是基础，通过解析和探究用户差异、认知过程、认知

[①] Janlert L E, Stolterman E. The character of things[J]. Design Studies，1997, 18（3）：297-314.
[②] Liu Y T. Creativity or novelty？[J]. Design studies，2000, 21（3）：261-276.
[③] 布坎南，马格林. 发现设计：设计研究探讨 [M]. 周丹丹，刘存，译. 南京：江苏美术出版社，2010：112-147.

层级和认知测评,为设计认知模式的研究提供目标和依据;设计认知模式是核心,通过"问题"模式研究明确问题求解的对象,通过"求解"模式研究为问题求解提供创新思路,并将两者集成,以定义产品系统映像;产品系统映像创设是目标,在用户认知和设计认知研究的基础上,通过创设维度和路径的研究,生成产品设计方案,产品系统映像既是设计认知的输出,也是用户认知的对象。在研究三个子系统各自的要素、结构、过程等内容的基础上,探究各子系统间的相互联系和作用,才能更好地揭示产品设计中认知模式的本质,构建合理、有效的认知模式,以达到指导产品设计创新设计的目的。

基于设计问题的"病态问题"特征,产品设计中的认知模式构建强调系统的开放性与可控性的均衡,一方面,需要为设计师的感性的直觉创新提供足够的包容空间;另一方面,也需要预防设计师的主观臆断,并确保产品设计创新效率,以便整合设计资源,推动设计问题向问题目标状态有序达成。产品设计中认知模式的系统化研究,对设计师从宏观上理解产品设计创新的本质,明确产品设计研究内容和思路,优化设计程序、设计策略和创新方法,提升设计管理和协同创新水平,提升设计创新的质量和效率均能起到积极的推动作用。

本章小结

本章第一节阐述了认知建模的基本概念，并分析了认知建模的典型模式。第二节解析了产品设计中认知模式研究的内涵和内容，阐述了用户认知模式、设计认知模式、产品系统映像的基本概念、研究内容及相互关系，将用户认知模式研究内容细分为产品设计中影响用户认知的因素、用户认知过程模式、用户认知的层级模式和用户认知测评四个方面，将设计认知模式研究内容细分为从"问题"出发和从"求解"出发的设计认知研究两个方面，将产品系统映像研究内容细分为映像创设维度和创新路径的研究两个方面。第三节提出了产品设计中认知模式构建的用户中心原则、问题驱动原则和系统均衡原则。通过研究，厘清和明确了产品设计认知模式构建的基本概念、研究内容和构建原则，进一步细化和界定了本次研究的内容。

第三章　产品设计中用户认知模式构建

第一节　产品设计中影响用户认知的因素

一、产品设计中影响用户认知的内部因素

从认知心理学出发，结合产品设计中用户获取、加工和输出产品信息的基本特征，将影响用户认知的内部因素归纳为驱力、保障和催化三个主要因素。其中，驱力因素由用户需要与动机构成，保障因素由用户能力与知识构成，催化因素由用户态度与情感构成。产品设计中对影响用户认知的内部因素分析，是产品设计中用户研究中用户特征分析、目标用户界定、用户需要探查的重要内容，亦是用户认知研究的前置限制。

1. 驱力因素——需要与动机

人会因为生理或心理上的缺失而紧张，需要则是为了减少这种不舒适的紧张状态而产生的一种心理反应或心理倾向。针对产品的用户认知需要包含在人类的一般需要之中，它们反映了用户某种生理和心理体验的缺失状态，并直接表现为对产品的要求和欲望。这些需要是用户从事认知活动的内在原因和根本动力。在需要理论的研究中学派众多，其中以马斯洛的需求层次理论最为著名。其系统地探讨了需要的实质、结构以及发生发展的规律，不仅对建立科学的需要理论具有积极意义，对用户认知分析和产品创新设计实践也产生了重要影响。动机是个体内部存在的迫使个体产生行为的一种心理过程和内在驱动力，是为了满足需要而驱使或推动个体有意识或无意识地向预期的目标采取某种行为的过程。

（1）需要与动机对用户认知的驱力作用

需要指明了用户对产品信息进行认知活动的方向，动机则确定了用户认知动力的大小。用户需要与动机在用户认知中的驱力作用主要体现在引发、指向和强化等方面。

首先，需要与动机具有驱使、策动用户采取某种认知活动的初始能量。在需要与动机的共同作用下，用户由静止状态转向活动状态，开始相关的认知活动。需要与动机的引发作用决定了用户的认知活动是否启动。其次，需要与动机将用户的认知行为指向了具体的、特定的对象，并朝着预定的对象启动认知活动。需要与动机的指向功能决定用户认知产品的对象。最后，需要与动机对用户认知活动具有维持、激励和强化作用，动机的不同性质

和强度，决定了用户认知活动中内部驱动力的大小。高层次、高强度的需要与动机能够维持用户认知活动的持续性，激励和强化用户主动克服认知困难和达成认知目标的毅力；反之则会影响用户认知的积极性，在遇到困难或阻碍时，用户会放弃认知活动或调整认知目标。

（2）用户认知中需要与动机的激发与转换

用户在并没有出现生理或心理体验缺乏时，由于外界的刺激，也会产生某种需要。我们把能够引起用户需要的刺激源称为诱因。产品诱因可分为两类：一是产品本身，如功能完善、造型优美、使用方便的产品更容易刺激用户的认知需求；二是外界创设的情境，如产品广告、包装、售卖环境、促销手段等。引起动机的内在条件是需要，引起动机的外在条件是诱因。需要的迫切性和诱因的刺激度决定了动机的强度，诱因是用户认知中对于需要与动机进行设计干预的基础。

用户认知中需要与动机的激发主要表现为两个方面：首先，新的需要与动机激发用户的认知活动，不断出现的新产品、新技术、新信息，正不断改变原有用户需要与动机满足的方式，产品的更新换代必然激发用户产生新的认知需要与动机。其次，由于诱因的刺激，用户的隐性需要显性化，用户动机被增强，从而激发相应的认知活动，如本来就想买一台彩电但因不急需使用，需要与动机的强度不高，但用户无意中看到产品大幅降价的促销广告，用户原有的被动认知需要被激发为主动认知需要，且拥有了较强烈的认知动力。产品设计中通过新产品开发与用户认知诱因创设，可以激发和改变用户认知需要的产生与发展，调节用户认知动力的大小。

用户认知中需要与动机的转换主要基于需要与动机的多样性、发展性、可替代性特征。用户认知需要与动机的多样性主要由用户个体差异所导致，不同的用户个体由于其年龄、性别、经济条件、文化水平、民族传统、生活习惯、价值取向、审美标准、个性特点等众多方面的差异，表现为多种多样的需要与动机特性。用户认知需要与动机的多样性也决定了市场的差异性，这是产品设计定位中进行市场细分和选择目标市场的基础。用户个体发展导致用户认知需要与动机的发展性，用户个体特征不是一成不变的，用户需要与动机在内容、形式和层次上均呈现出不断地更新和发展的状态，按照马斯洛需求层次理论的观点，用户一般先满足低层次的需要，再满足高层次的需要。但用户个体能力和外部环境限制导致了用户需要与动机的可替代性，当用户认知目的无法达成，需要得不到满足时，会体验到挫折感并产生焦虑，为了缓解焦虑，求得心理平衡，自然会寻找和转向替代品。

2. 保障因素——能力与知识

能力是指顺利完成某一任务所必需的主观条件，是直接影响完成目标或任务的效率，并使目标或任务顺利完成的个性心理特征。用户的能力差异表现为质的差异和量的差异两个方面。所谓能力的差异是能力类型的差异，而量的差异则是能力发展水平的差异。认知任务的内容、性质等不同，对用户能力的要求也不同。通常能力可分为一般能力和特殊能力。前者是在各个活动中都不可缺少的基本能力，后者是指完成某些专门活动所必需的能力。一般能力与特殊能力是辩证统一的整体，特殊能力是在一般能力的基础上发展起来的，特殊能力的提升又会促进一般能力的发展。知识是人的认识和经验的总和，是人类对物质世界和精神世界探索的结果总和，反映客观事物的属性、联系和关系。[1] 认知心理学将知识分为陈述性知识和程序性知识。陈述性知识是描述客观事物的特点及关系的知识，主要解决"是什么"的问题；程序性知识是一套关于活动操作步骤的知识，也称操作性知识。程序性知识主要解决"做什么"和"如何做"的问题。[2]

（1）能力与知识对用户认知的保障作用

用户在认知过程中，针对类似的认知目标或任务，用户会在判断认知概念的一致性后，直接运用能力，提取知识，从而大幅提高认知效率并降低认知加工过程中的负荷强度。能力和知识是保障用户认知活动的关键性要素，直接决定了用户认知活动的达成率和达成度。其保障性作用主要体现在预见、补偿、简化、增效等方面。首先，用户能力和知识具备在预见

---

[1] 车文博. 心理咨询大百科全书 [M]. 杭州：浙江科学技术出版社，2001：12.
[2] 陈琦，刘儒德. 当代教育心理学 [M]. 北京：北京师范大学出版社，2007：251.

认知活动中信息获取、筛选、加工、输出的程序和结果的作用，不但能够帮助用户评价认知活动的意义和价值[3]，而且预见了认知活动的内容、方式及方法。其次，用户认知活动中不同的能力、知识以及能力与知识之间，能够相互转化、激活，以弥补用户能力或知识的不足，最大限度地保障认知活动的正常运行。再次，能力和知识的广度和深度，直接影响用户对认知活动难度的主观感受，同样的认知活动，对能力强或知识丰富的用户，其认知加工过程则简单而有效，认知负荷低，认知达成率更高。最后，用户认知活动中多种能力和知识的综合运用，能够彼此促进，出现"1+1>2"的效果，对于用户提升认知和解决复杂问题的成功率具有重要作用。

（2）用户认知中能力与知识的包容与排斥

用户活动中的各个阶段，对于用户的能力与知识均有相应的要求，如果用户不能达到相应的要求，认知活动将变得困难重重，甚至无法完成；反之，用户则能够轻松完成认知活动。在产品设计里，用户认知中通过对认知活动内所需能力与知识的设定，可以调节用户目标人群的大小，降低要求时产品的包容性将提升，可以让更广泛的人群得以使用产品；反之，则会产生设计排斥现象。

用户能力与知识具有差异性、动态性和局限性的特点，对产品设计中用户认知的包容与排斥产生影响。所谓差异性，主要是指用户个体能力与知识的差别，如健康程度、文化水平等导致的差异；动态性，主要是指用户个体能力与知识的变化，如由于步入老年导致视力下降、一次培训学习后的知识增加等；局限性，则是指用户的能力与知识发展中既包括感知、分析、评价、决策、记忆、想象等一般能力和常识性知识，也包括基于特定领域中的专业能力与知识。用户可能对于某些领域的能力和知识更加擅长，但对于另一些领域的能力和知识则相对较弱。用户的一般能力和特殊能力可以互相弥补，用户面对不熟悉的认知活动时，可以利用较强的一般知识进行推测，从而取得较好的认知效果。

---

[3] Kimberly A L, Jonna M K. Domain knowledge and individual interest: The effects of academic level and specialization in statistics and psychology[J]. Contemporary Educational Psychology, 2006, 31: 30–43.

3. 催化因素——态度与情感

态度是个体对一定对象所持有的评价和行为倾向。用户态度是指用户在产品认知中对产品或服务所持有的观点和行为倾向。态度总是针对客观环境中的某一个具体对象产生的，由赞同、欣赏、支持等良好的态度到反对、拒绝、厌恶等消极的态度，良好的态度促成行为的达成，消极的态度会阻碍行为的发生。情感是人对客观事物是否符合其需要产生的态度体验。[④] 情绪是短暂而强烈的情感。当需要、愿望、观点等得到满足或肯定时，人会持有欢迎的态度，并体验到喜爱、愉快、崇敬等正面情感，反之则会体现出愤怒、憎恨、厌恶等负面情感；当需要、愿望、观点产生冲突时，就会产生既肯定又否定的态度，而体现出悲喜交加、啼笑皆非、百感交集等复杂情感。就广义而言，情感与情绪相同。从狭义上说，情感是与人的社会性需要相联系的一种较复杂而稳定的态度体验。[⑤] 情感为人类所特有，并随着人的立场、观点和生活经历等变化而变化。从内容特点出发，情感可分为道德感、理智感和美感三种。

（1）态度与情感对用户认知的催化作用

态度与情感在用户认知中的催化作用主要体现在前馈性、价值性、控制性等方面。首先，态度和情感一旦形成即进入用户的长时记忆中，在用户具体的认知活动前已然存在，并直接作用于用户认知过程中的各个阶段，属于前馈范畴。其倾向性直接作用于用户在认知过程的各个阶段，对用户认知活动起到推动或阻碍的作用。其次，用户的态度与情感具有价值表现功能，二者均体现了用户的核心价值观或自我观念，一个人对某种产品的态度，不仅在于产品本身的功能，还在于产品同时表现出用户的性格、个性、文化修养、消费品位及生活背景等特征，以及其群体属性。基于态度与情感差异的用户价值判断，会直接影响用户认知目标的确定和能动性。产品对用户的价值利益越大，用户越容易产生肯定、拥护、喜爱等正向的

[④] 车文博. 当代西方心理学新词典 [M]. 长春：吉林人民出版社，2001：271.
[⑤] 车文博. 当代西方心理学新词典 [M]. 长春：吉林人民出版社，2001：272.

态度与情感，用户认知过程中的聚焦性、能动性、持续性越强；反之，用户在认知过程中将变得消极甚至抵触。最后，态度与情感还作用于用户情绪与意志的控制。在情绪控制方面，态度和情感直接影响到用户情绪的强度、稳定度、持久度、心境等；在意志控制方面，态度和情感直接影响到用户意志的自觉性、坚定性、果断性、自制力等方面。正向的态度与情感促使用户生成正向的情绪和坚定的意志，催化用户认知活动的迅速展开，并充分挖掘和发挥用户的各项能力，调用用户原有的知识、经验等认知资源，克服认知过程中所面临的困难，保障认知活动的顺利进行。

（2）用户认知中态度与情感的顺应与调节

用户态度的稳定性特征决定了用户认知过程中需要尊重和顺应用户已经形成的态度与情感。态度和情感在形成初期相对容易改变，一旦巩固，则具有相对的稳定性和持久性。用户态度和情感的稳定性是适应现实生活稳定性的结果，会在用户的认知行为中表现出某种趋向，用户态度的稳定性还会使用户的认知行为具有一定的规律性和习惯性，同类型态度和情感的用户，在对产品信息的认知活动中，其总体倾向具有较为一致的特征。对于用户态度与情感的顺应，有利于产品获得用户的情感共鸣，是产品设计中细化目标市场、设定用户认知内容与结构、调节认知负荷等设计任务中常用的设计策略之一。

态度和情感都是后天习得的，习得性特征是用户认知中态度与情感调节和改变的基础。二者的形成都是用户通过对事物不断认知和实践、学习和总结，将直接或间接获得的经验逐步积累而成；同时，态度和情感会随着新的认知、经验、环境等要素的变化而改变。其中不仅包含个体的习得积累，也包括与其他个体、群体的交流与互动，以及将社会信息内化的过程，具有明显的社会属性和时代特点。习得性是态度与情感形成和改变的基础。产品设计中态度与情感调节的策略包括基于信念改变、价值创设、性价比提升的价值调节策略，基于"外形""使用的乐趣和效率""自我形象、个人满意、记忆"的感情调节策略，基于文化背景和文化认同的文化调节策略，基于用户参与与经验校验的行为调节策略等。

二、产品设计中影响用户认知的外部因素

用户认知的外部因素是对用户内部因素的引导、约束或激励，可归纳为环境、示范和背景三个主要因素。其中环境因素由场景与情境构成，示范因素由群体和阶层构成，背景因素由社会环境和社会心理构成。对影响用户认知的外部因素的分析，是产品设计中定义"人—物—场"关系、界定用户群特征、明确产品发展趋势、设定产品细分市场等方面的重要依据。

（1）环境因素——场景与情境

场景原为戏剧、电影中常用的术语，是指在一定的时间、空间内发生的一定的任务行动或因人物关系所构成的具体生活画面。用户认知中的场景则是指用户在特定的时间、空间中通过某种行为方式完成的事件，用户认知就是研究人在特定场景下的思维模式和行为模式。用户认知场景包括主题、时空、角色、道具、情节等要素，其中主题是指场景中事件的目标与意义，时空是指事件发生的时间与空间，角色是指用户在事件中的人物设定，道具是达成事件所需要的物质及非物质产品，情节是在特定的时间与空间中指角色借助道具达成事件的行为过程及方式。情境指影响事物发生或对机体行为产生影响的环境条件。也指在一定时间内各种情况的相对的或结合的境况。[6]情境具有情境边界的交叉混合特点，以及情境的"完整性""同一性"等特点。[7]从场景与情境的定义上看，两者的内涵基本一致，两者都聚焦于环境对用户需求特征和行为特点影响的研究。场景更偏向于客观环境，强调用户认知活动的物质空间构成，情境更多地指行为或心理氛围，强调用户认知活动的心理空间构成，以及影响用户认知思维和认知行为的心理环境。

①场景与情境对用户认知的环境作用

场景与情境对于用户认知的环境作用，主要体现于用户在目标环境中场景与情境要素的

---

[6] 杨治良，郝兴昌. 心理学辞典 [M]. 上海：上海辞书出版社，2016：552.
[7] 阿尔温·托夫勒. 未来的冲击 [M]. 北京：中国对外翻译出版公司，1985：17.

适配性上。用户认知中场景与情境分析的目的是创设与之适配的产品功能、信息或服务。从二者适配的内容范围来看，可以分为标准化适配和个性化适配两个层面。其中，标准化适配是针对用户的群体特征在一个特定场景中的普遍性、一般性需求，提供功能、信息、服务等，使具有相同群体特征的不同用户都可以获得这一场景中的共性的需要满足；个性化适配，则意味着要把个体用户的当下状态以及既往习惯等都纳入考虑范围，是对个性的把握与满足如根据用户使用产品功能的频次，将频次高的功能在产品控制界面中进行前置并凸显，以方便用户使用。

（2）用户认知中场景与情境的匹配与创设

用户认知的长时记忆中保存了用户经历过的事件，事件在脑海里浮现出来的映像中包括事件的场景与情境要素、要素特征以及要素间的组织及逻辑关系，并且与用户需求与动机、态度与情感关联，成为一个信息组合的整体，并在用户认知过程中作为前馈帮助用户完成用户认知加工和认知评价。其中，场景与情境要素、特征、关系等的一致性构成标准化适配，差异性构成个性化适配。

产品设计用户认知中的场景与情境匹配，是指通过将用户需求、场景与情境要素及其关系可视化，展开对于用户原有场景与情境认知经验的研究，并将"人""境""活动"看作已知条件，将"物"视为未知目标，通过分析已知的场景与情境来对"物"即产品进行创新。在这种情况下，要素指向和要素关系均会与用户原有的场景与情境记忆相一致，为用户认知活动的展开提供明确的认知线索，并与用户原有的认知经验相匹配，有利于用户认知活动目标的达成。

产品设计的用户认知中场景与情境的创设，是设计师为满足用户需要，根据用户原有场景与情境的研究，结合自身能力、知识，打破原有用户认知的场景与情境，对未来产品使用的场景与情境进行想象与假设，提出解决方案，并验证其可行性的过程。新技术、新产品的不断推出，也不断拓展和丰富着用户需求的场景与情境，而用户认知中场景与情境的创设，大多基于用户尚未意识到的需求的挖掘，用户对于新场景与情境是否接受和认可，其核心评价标准是价值。

2. 示范因素——群体与阶层

群体是指两个或两个以上具有一套共同的规范、价值观或信念的，以一定的方式联系在一起进行活动的人群。用户的认知活动不仅要受自身独立的思想、信念、价值标准等影响，还要受其所在群体中其他个体的影响。所谓用户参照群体是指该群体的看法、价值观被用户作为当前认知的基准，是用户作为认知行为向导而使用的群体。通常情况下，用户在认知活动中会无意识地与所在群体，保持一致，遵循群体的角色期望和规范，以保持与群体的同调性。用户参照群体既包括现实群体如家人、同学、朋友、同事和个体参与的组织等，也包括向往群体，如喜爱的明星、向往的职业、希望能参加的组织等。社会阶层是指全体社会成员按照一定等级标准划分为彼此地位相互区别的社会集团。同一社会阶层的成员之间的社会地位和收入大致相当，其价值观、态度、行为模式、思维方式等方面有着许多相同的看法和观念，在选择各类产品、服饰、休闲活动、艺术鉴赏等诸多方面有着相似的品位，并且更加趋向于相互交往。需要注意的是，用户在社会阶层中的层级是不断变化的，一方面，用户社会阶层因素变量的变化会影响其在社会阶层的位置；另一方面，社会总的价值观、评价标准等的变化，政治、经济、科技和文化等因素的影响，也会导致社会阶层内涵不断变化。

（1）群体与阶层对用户认知的示范作用

群体与阶层在用户认知中为用户提供了参考的基准，其作用主要体现在基准性、参考性、修正性等方面。首先，群体与阶层为用户提供了价值性参考的基准，在群体和阶层中，对于客观事物的意义和重要性的总体评价、看法、排序等价值观体系受到大多数成员的认可和遵从。用户作为群体或阶层的一员，会自觉内化和接受群体和阶层的价值体系及行为规范，并自觉按照规范行事，甚至成为群体价值观和规范的捍卫者。其次，其参考性是指用户为了获得所属群体的认可和赞赏或避免受到惩罚而有意识地满足群体的期望。在用户认知活动中，群体和阶层的认知目标、信息获取方式、信息筛选标准、信息加工思维方式、信息反馈表达等诸多方面对用户均具有示范作用，为用户所模仿和参考。最后，其修正性主要是指用户将参照群体其他成员的行为、信念和态度等当作修正自身认知活动的重要参考，是当用户发现认知活动与其他成员不一致时的自我调节,其影响程度决定于用户与成员的相似度、施加影响的群体成员的专业性和权威性,以及群体的凝聚力。

(3)用户认知中群体与阶层的同调与差异

用户认知中群体和阶层的同调性,一般表现为用户的从众行为。同一种从众行为从心理上可以划分为"简单服从"和"内心接受"两种形式。"简单服从"和"内心接受"之间的区别是十分重要的,因为它可以使人们预测群体压力撤销之后个体的行为。"简单服从"的个体在群体压力撤销之后,仍然保留着与群体不一致的信念,人们没有把握肯定他以后会按群体的规范行动;但对于"内心接受"的个体而言,人们对其行为进行预测的把握较大。

用户认知中群体和阶层差异性,则表现为非从众行为,一般包括两种形式:一是"反模仿",指的是个体察觉到群体中多数人的一致行为后,故意采取了与他们对立的行为;二是"非模仿",指个体对群体压力不敏感,按自己的意愿或想法决定自身行为。非从众行为用户更愿意去尝试和接受新的认知内容和认知方式,并会影响所在群体和阶层对于具体认知目标的认知态度。

一般说来,在产品生命周期中的导入期,用户面临较为陌生的认知对象时,由于信息量有限、认知经验缺乏或用户认知能力和知识不足等因素的影响,用户更倾向于模仿群体中大多数人的认知行为,进而呈现出同调性特征。群体与阶层的同调性特征研究为产品设计中目标市场划分与确定、共性功能与特征生成、通用认知逻辑与规则的创设等提供了基础与依据。随着产品生命周期进入成熟期,用户对产品认知活动经验的积累逐渐增加后,同调性产品将无法满足用户个性化需求,产品认知活动需要进行差异性市场细分,而群体和阶层的差异性研究与分析,通过发掘用户的个性化用户认知需求,为产品设计中用户的细分市场的设定提供思路和依据。

3. 背景因素——社会环境与社会心理

社会环境是指人类生存及活动范围内的社会物质、精神条件的总和。影响用户和用户认知的社会环境因素主要包括政治环境、经济环境、文化环境、科技环境等。政治环境影响到用户的价值观、生活方式、消费需要、动机、态度等诸多方面；经济环境指所在国家或地区的社会经济制度、经济发展水平、产业结构、劳动力结构、物资资源状况、消费水平、消费结构及与国际经济的关联状态等；文化环境指用户的社会精神环境，它由存在于社会生活各个领域乃至人们意识之中的各种形态符号所构成[8]，是在一种社会形态下已形成的信念、价值观念、宗教信仰、道德规范、审美观念以及世代相传的风俗习惯等被社会公认的各种行为规范；科技环境主要是指在科学、工程技术等领域内的知识和能力的一般水平，以及交通、信息处理、医药服务、环境分析、生产和制造过程等方面的一般能力。[9]

社会心理则指通过社会中的个体的心理活动体现出来的某一社会群体所具有的共同的心理特征。[10]社会心理往往对身在其中的个体成员的心理具有间接性的影响，包括模仿、暗示和流行等，其中以流行对消费心理及行为的影响最大。流行是指在一定时间、一定地域内的社会活动中，大众普遍崇尚和效仿的某种生活规格和式样。它是一种在一定时间、一定地域范围内得到普遍认同的社会心理现象。由于社会个体的相互影响，以及社会活动涉及的方方面面，所以流行涉及个体生活的各个方面。

（1）社会环境与社会心理对用户认知的背景作用

社会环境和社会心理作为诸多社会因素的总和，二者对用户的影响是潜移默化的，每个人的价值观、思维方式和行为方式的形成和发展，都会受所处的社会环境和社会心理的影响。其对用户认知的背景作用主要体现在引导、制约和评价等方面。社会环境和社会心理作为客观存在，共同营造了用户所在的宏观情境，以各种各样的方式显性或隐性地引导、作用于用户的认知活动。社会环境和社会心理的发展与变化又使得新事物、新思想等物质与精神的因素不断涌现，同时也不断改变着用户的生活方式和生活习惯，并引导用户接受社会的价值体系、思想观念并执行其价值期望，形成与社会环境一致的价值观、态度、思想等。社会环境和社会心理的变化速度直接影响着用户认知活动变化的速度，用户认知活动的展开受到社会

---

[8] 时蓉华. 社会心理学词典 [M]. 成都：四川人民出版社，1988：379.
[9] 李鹏. 公共管理学 [M]. 北京：中共中央党校出版社，2010：39.
[10] 车文博. 当代西方心理学新词典 [M]. 长春：吉林人民出版社，2001：323.

环境和社会心理的制约，社会环境和社会心理也为用户认知提供支撑条件，这里所指的条件不仅指物质条件，还包括非物质条件，以及社会提供的参加认知活动的实践机会。当政治、经济、文化、科技以及社会心理等发生动荡、革新、发展等变化情况时，很多用户原有的认知活动将变得难以进行，甚至无法进行。社会环境和社会心理验证和评价用户的认知活动，二者为用户的认知活动提供了普适的价值标准，用户的认知过程中符合这种价值标准的，被社会环境和社会心理认可和肯定；反之，用户则会感受到压力，甚至受到惩罚。

（2）用户认知中社会环境与社会心理的利用

社会环境对用户认知主要产生基于宏观性和间接性的影响。人作为社会性的动物，会对周围的环境作出反应。作为社会的成员，每个人都有其特定的社会身份，如性别、年龄、职业、民族、国籍等。社会环境根据用户的社会身份，定义了你是谁，也暗示了你不是谁的定义。用户通过社会身份定义"我是什么人"，同时根据社会环境设定了自身的价值观、思维方式和行为方式，当产品设计符合这样的设定时，用户更易于接受、响应，并主动维护这样的设定；反之，则表现出拒绝与排斥。

社会心理尤其是流行对产品设计中的用户认知影响极大，主要包括物的流行，如流行服装、流行色等；行为方式的流行，如文娱、体育活动的流行；思想的流行，如各种思潮和文化现象的流行。产品设计中利用当代流行趋势，甚至创设流行趋势，可以在短期内改变用户认知的动机、态度、知识等要素的变化。对用户认知动机的改变主要表现在对感情动机的加强和对理智动机的抑制上。特别是在流行的刺激下，多为刺激用户的欲望、冲动、潜意识等感性心理，而在很大程度上淡化了理性的色彩，产生跟着感觉走的感性认知。对用户认知态度的改变表现为，基于流行是被大多数用户认可的前提，有助于消除用户对产品的怀疑，并增加肯定的态度倾向。同时，流行产品的相关信息与知识不仅会在大众媒体中高密度出现，也是用户相关人群购买和谈论的热点，这就使用户了解和习得产品的相关知识变得更加容易，大幅缩短了习得的周期。

第二节　产品设计中用户认知过程模式

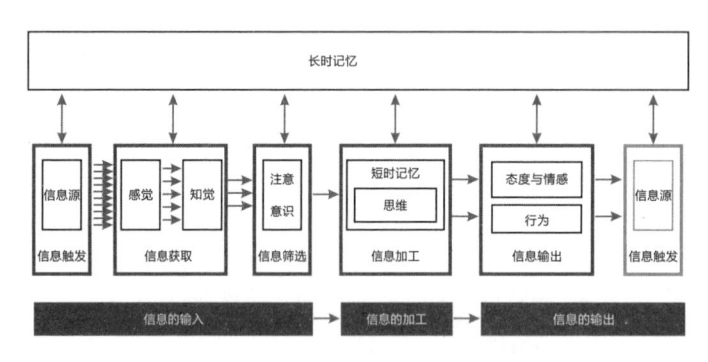

图19　产品设计中用户认知过程模式

从认知心理学理论出发，以时间轴为线索，用户对产品信息认知的过程可分为认知信息触发、获取、筛选、加工、输出五个部分，见图19。用户通过一系列产品信息触点的认知集成，实现对产品信息认知，完成产品使用的各类任务，达成产品使用目的，并在各个认知层级生成产品系统的认知映像，认知映像的集合构成了用户对于产品的体验。

一、用户认知信息触发

1. 信息触发的定义

用户认知信息触发是指用户受到信息源刺激引发的反应，是客观的信息源与主观的用户认知活动的结合与关联，是信息获取的前置心理过程和心理趋向，是用户认知活动的"开关"。用户认知信息触发受到用户需要、态度、经验、知识等因素的影响，表现出不同的用户对于相同信息刺激源的触发差异；同时，由于情境、环境等因素的影响，同一个用户对于相同的信息刺激源，在不同的时间、地点、场景下的认知触发也不相同。

2. 信息触发的类型

用户认知信息触发可分为主动触发和被动触发两类。

用户认知信息的主动触发是在用户需要产生之后，需要是用户进行产品认知活动的核心驱动，正是为了满足各种不断出现的生理和心理体验的需要，用户不断主动进行各种产品的认知活动，并通过使用各类产品达成自身的需要满足。需要确定用户认知产品的目的、内容、方向和目标，即用户认知的具体对象，用户主动找寻认知对象，触发产品的信息源并启动用户对产品的认知活动。如用户产生使用手机打电话的需要后，其会主动触发对手机的认知活动，开启手机开关，完成打电话的认知任务。

用户认知信息的被动触发是在用户需要产生之前，用户在没有出现生理或心理体验缺乏时，由于外界信息源的刺激，也会产生对于信息认知加工的触发，即由诱因引发的触发。被动触发不是用户理性驱动的结果，而是由外界信息刺激源触动产生的。需要注意的是，当被动触发出现后，用户产生相应需要时，用户认知活动会继续；反之，用户未产生相应需要时，用户认知活动将终止。如当手机响起时，手机铃声作为刺激源，刺激用户被动触发手机的认知过程，用户产生接听电话等认知活动。当然，用户也可以选择对手机铃声置之不理，在这种情况下，对于用户认知手机的触发失败，用户不启动接听手机的认知过程。

3. 信息触发与触发器

产品设计中的触发器是与用户认知信息触发相对应的控件，是用户为了满足需求，启动产品认知和控制产品时最先接触的对象。当产品功能和结构较为简单时，用户信息触发主要指向产品表征信息，触发器多被省略；随着产品机械化、电子化、信息化、智能化的不断演进和发展，产品功能日益复杂，变量信息与赋能信息日益增多，产品触发器的作用越来越大，信息设置也越来越复杂。触发器设置以用户认知信息触发为基础，用户信息触发的目的、时机、场景，决定了触发器具备的功能以及在什么时间和位置出现。触发器是作为产品功能的起始控件，激发产品的使用功能，产品中的触发器越多则产品的功能越复杂，产品认知的复杂程度也相应增加，对用户认知能力的要求也会越高，过多的触发器势必影响用户对产品的认知结构，同时会增加用户的认知负荷和认知失误。

与用户认知信息触发类型相对应，产品中的触发器也分为手动触发器和自动触发器。[①] 产品中的手动触发器是由用户主动触发的触发器，通常源于用户的需要与期待，如"我要打电话""我要打开电视机"等。常见的手动触发器包括开关、功能按键、调节按钮等，用户通过触发器来启动对产品的认知活动，控制产品的状态，以达成自身需要。随着智能化产品的不断增多，越来越多的手动触发器以任务栏、菜单栏中的图标替代了原有的物理控件。产品中的自动触发器是由产品系统根据前期设定的规则和条件控制的触发器，主要显示产品的工作状态、进度，通常产品自动触发器产生的信息会引发用户的被动触发。如手机在接到电话信号后，会根据用户前期设定，产生铃声或振动；铃声或振动作为信息源则激发用户认知信息的被动触发。用户认知信息的主动触发驱动用户触发产品的手动触发器，产品的自动触发器则作为外部信息刺激源激发用户认知信息的被动触发。

二、用户认知信息获取

用户认知信息的获取是用户开展产品信息认知加工活动的基础，为用户信息加工提供加工内容和素材，用户对于产品信息的获取一般分为感觉和知觉两个阶段，在二者的共同作用下完成。

1. 信息获取中的感觉

感觉是由客观事物刺激感觉器官引起的神经冲动，沿着一定的感觉传导通路传递到脑的相应部位而产生的。感觉是一种最基本、最简单的心理过程，是一切心理现象产生的基础。[②] 用户对产品的认知是从感觉开始的，感觉是用户认知客观事物的必要条件，也是产品产生用

---

① Dan Saffer. 微交互：细节设计成就卓越产品 [M]. 李松峰，译，北京：人民邮电出版社，2017：29.
② 车文博. 当代西方心理学新词典 [M]. 长春：吉林人民出版社，2001：97.

户体验的开端与来源。

感觉分为外部感觉和内部感觉两大类。外部感觉包括视觉、听觉、嗅觉、味觉、肤觉(触觉)等,是指接受外部刺激,反映外界事物属性的感觉;内部感觉包括运动觉、平衡觉、机体觉等,是指接受机体内部刺激,反映身体的位置、运动和内脏器官不同状态的感觉。感觉为用户的产品认知活动提供原始资料,它是知觉、记忆、思维等所有高级和复杂心理现象的基础。

在心理学未成为独立的科学前,其与知觉常作为同样的概念或心理过程。直到17世纪,英国哲学家洛克指出感觉属于单纯观念,而知觉属于复杂观念,指出了感觉与知觉的区别。产品设计中用户信息获取阶段,感觉主要产生于产品对感觉器官的直接作用,用户通过感觉获取信息,知觉是通过对用户感觉信息的组织和解释,形成对产品的完整映像。只有用户能够获取足够丰富和精确的信息感觉时,才能获得完整和正确的知觉映像。

2. 信息获取中的知觉

知觉是大脑对作用于感觉器官的客观事物表象、属性、特征及其相互关系的综合的感性认识形式。知觉有着不同的分类方式,如可以根据在知觉中起主导作用的感觉器官来区分,可分为视知觉、听知觉、触知觉、嗅知觉和味知觉等;按知觉对象的不同性质和特征,可分为空间知觉、时间知觉和运动知觉;按知觉过程与主观意识联系程度的差异,又可分为无意知觉和有意知觉。知觉还存在一种特殊的形态,叫错觉,即与客观情况不相符的知觉映像。

用户对于产品知觉的过程中,对于产品信息有两种知觉加工形式:自下而上的加工和自上而下的加工[3]。自下而上的加工也称"数据驱动加工",是指用户在知觉过程中,对于产品直接作用于感官刺激特征进行加工的方式。自上而下的加工又称为"概念驱动加工",是指人在知觉过程中,运用已有知识和经验对产品信息进行知觉加工的方式。认知心理学认为,知觉来自感觉的信息和知觉者自身的信息。比较自下而上的加工和自上而下的加工,在用户的知觉过程中,感觉信息越丰富,前者的加工优势就越明显;反之,感觉信息越缺乏,

---

[3] 黄希庭. 心理学导论[M]. 2版. 北京:人民教育出版社,2007:226.

就越需要运用用户已有知识和经验来处理产品信息的不确定性和相关性，后者的加工优势就越明显。

如果没有信息对于感觉器官的作用，那么就既没有感觉，也没有知觉。个体靠感觉接收到刺激，但决定其行为反应与否者则是知觉因素。[4] 联想主义心理学认为知觉是感觉的复合，构成主义心理学认为知觉是感觉的构成物。知觉是按照一定关系将这些材料有机地统一起来的，而不是对于感觉材料的简单堆砌，知觉映像随着这些特征关系的变化而变化。认知心理学认为知觉与相对单纯的感觉相比，具有更复杂的机理，是对信息最初级的认知，同时也为更高级的认知提供原材料。用户知觉过程受到用户需要、态度、能力、知识、经验、情绪等诸多因素的影响，存在明显的主观性和个体差异。

三、用户认知信息筛选

由于用户信息加工的有限性，用户在完成产品信息获取后，将自觉进入信息过滤过程，对信息进行筛选、聚焦、归类、分层等，便于分阶段展开信息加工，以保障产品信息加工的质量和效率。在这个过程中，用户认知主要包括两个要素：注意和意识。其中，注意主要对用户获取的产品信息进行聚焦，并生成产品信息加工的优先级与次序；意识明确用户认知的目的性、计划性，具有自动创造性和自觉选择性，同时调节和控制用户认知过程中生理、心理活动。

1. 信息筛选中的注意

注意是通过感知觉、已储存的记忆和其他认知过程对大量现有信息进行有限信息筛选的积极加工。[5] 认知心理学倾向于把注意理解为对于进入认知加工有限容量的信息的选择。注意包括两个方面的基本功能：一方面，注意是对感知觉信息的选择，并将认知加工聚焦到特

---

[4] 张耀翔. 感觉心理 [M]. 北京：工人出版社，1987:26.
[5] Robert J. Sternberg. 认知心理学 [M]. 杨炳钧，陈燕，邹枝玲，译 .3 版 . 北京：中国轻工业出版社，2006:52.

定的认知目标上,这种选择和聚焦既包括外部的感知觉信息(如在嘈杂的环境里专注地听一个人讲话),也包括内部的感知觉信息(如记忆中的表征);另一方面,注意能够对用户认知资源进行有效分配,以提高对注意信息加工的能动性、质量和效率。

用户信息筛选过程中,注意的特征可分为有限性、阈限性和选择性。[6]

注意资源的有限性是指用户认知过程中进入注意的产品信息内容容量和同时注意的信息点数量都是有限的。普林斯顿大学教授丹尼尔·卡尼曼(D.Kahneman)于1973年在其著作《注意与努力》中指出,在广大范围内的注意是一种非常有限的心理资源。注意直接决定了执行认知任务的数量、种类、差异度和协同性,一旦用户认知加工的信息量突破注意容量,将直接影响到用户认知加工负荷,降低认知加工的达成度。

注意的阈限性主要指注意具有强度特征和差异。认知过程中用户熟悉的认知内容或熟练的行为动作对注意强度的要求低,倾向于自动认知过程,认知负荷较低;反之,则需要更高的注意强度,倾向于审慎认知过程,认知负荷较高。

注意的选择性主要指当出现两个以上产品信息认知任务时,用户会选择优先注意其中一个。用户对于信息注意的选择受到各种因素的影响,如价值、需要、兴趣、经验、情感等。注意选择指向具体的产品信息后,被选择的目标就处在了意识的中心,更容易对其进行信息加工和处理,且精细化程度更高。

2. 信息筛选中的意识

意识是对于外界事物、现象或内部状态的觉察,是对用户信息加工的统合、管理和调控。[7]其主要特征包括:(1)自觉性,指意识是一种有意识的、有目的的、意识到的活动过程;(2)能动性,指人的意识除了能动地反映客观现实,还通过实践活动能动地改造现实;(3)社会制约性,指人的意识一开始就是社会的产物,总要受社会历史发展规律的制约。意识在

---

[6] 陈会忠. 注意的认知研究述评[J]. 江苏教育学院学报(社会科学版),2001(3):45–46.
[7] 彭聃龄. 认知心理学[M]. 北京:人民出版社,2008:174.

信息筛选中的作用主要是对用户获取的信息进行分类处理。从主体能动层面描述，其是将获取的信息与行为目的相结合，进行综合分析、重新权衡要素权重、重新定位信息含义，继而更新行为策略、观点或立场。

意识作为一种心理状态，可以分为不同的层次与水平，从无意识到意识再到注意，是一个连续体。其中，无意识是相对于意识而言的，是个体没有察觉的心理活动及过程。精神分析学派认为，无意识包含了用户大量的观念、想法、愿望等，对心理和行为具有能动性和调节作用。如果以冰山作为比喻，意识只是露出水面的冰山顶端的一小部分，而无意识则是冰山在水下的主体部分。

由于注意和意识间的复杂关系，关于意识的研究也被一些学者认为是注意的一部分。[8]注意与意识有着紧密的联系，又存在明显的差异。一方面，注意与意识存在明显差异，注意是一种心理活动，而意识是一种心理内容或体验。注意将经过筛选的信息设定为意识内容，与意识相比较，其更为主动且便于控制。需要注意的是，用户可以有意识地选择所要注意的对象，但在某些情况下，由于信息源本身的特性，选择也可能是无意识过程。另一方面，注意和意识又密不可分。用户只有处于注意状态时，才能够意识到外界感知觉信息和自身活动，用户的意识过程才变得有序高效，意识内容才变得清晰明确。[9]因此，注意和意识形成了两个相互交叉的集。[10]

四、用户认知信息加工

用户获取并筛选产品信息后，即进入产品信息加工过程。首先，用户的大脑积极、能动地进行记忆活动，对产品信息进行编码、存储和提取；其次，用户通过思维对记忆中的产品信息生成概念，并进行问题解决，生成产品信息加工的结果。从用户认知负荷的视角，用户认知的信息加工模式可分为名义型、有限型和习得型三种类型。

---

[8] 乐国安，韩振华. 认知心理学 [M]. 天津：南开大学出版社，2011:55.
[9] 彭聃龄. 认知心理学 [M]. 北京：人民出版社，2008:187.
[10] Robert J. Sternberg. 认知心理学 [M]. 杨炳钧，陈燕，邹枝玲，译.3版. 北京：中国轻工业出版社，2006:53.

1. 信息加工中的记忆

认知心理学将记忆表述为大脑对外界输入的信息进行编码、储存和提取的过程。编码过程是对信息的识记过程，是将信息转换为一种能在记忆中存储的表征；储存过程是对编码后的信息的保持；提取过程是获取保存在记忆中的信息，是回忆或再认识过程。存在于大脑中的信息如果未能提取或提取时发生错误，则被称为遗忘。用户感知过的事物、经历过的行为、参与过的活动、思考过的问题、体验过的情感等都能以经验的形式在头脑里保存下来，并能够在一定条件下重现。记忆不仅在人的心理活动中具有基石的作用，在人的各种实践活动中也具有积累和借鉴经验的作用。[11]有记忆，才有知识经验的积累，才能保持心理活动的统一性和连续性。认知心理学家将记忆分为瞬时记忆、短时记忆和长时记忆三个系统或阶段。其中，瞬时记忆又被称为"感觉记忆"或"感觉登记"，时间一般只有几分之一秒，不超过2秒，且不进行信息加工，所以短时记忆和长时记忆在认知加工中起主要作用。

短时记忆也称"活动记忆"或"操作记忆"，是用户对经过注意与意识筛选后的产品信息经过学习后进行信息编码，完成产品信息的表征提取、意象生成、知识组织等的信息加工过程。[12]短时记忆是对信息的初步处理和暂时储存，在信息加工、解决任务过程中作为工具发挥作用。短时记忆具有时间短暂、容量有限的特点。由于时间的推移、注意转换以及相似语义信息的干扰，短时记忆会迅速消退。短时记忆容量通常是7±2个组块、单元或项目，例如对数字的记忆中，大多数未经过特殊训练的人只能记住7位数，超过7位的数，必须分成几个记忆单元才能记住。[13]一般情况下，存储在短时记忆中的信息，需要通过复述、组合、概括、编码等加工过程，才能转入长时记忆。同时，短时记忆加工过程会对长时记忆中的情节与语义进行调用、验证和修订。

---

[11] 车文博. 当代西方心理学新词典 [M]. 长春：吉林人民出版社，2001：142-143.
[12] J·R·安德森. 认知心理学 [M]. 张述祖，等，译. 长春：吉林教育出版社，1989:214.
[13] 车文博. 心理咨询大百科全书 [M]. 杭州：浙江科学技术出版社，2001:12.

长时记忆又称"永久记忆"，可以将其理解为一个关于主观世界知识和主体历史经验的储存库。其一般不受储存容量和保持时间的限制，具有容量大、保存时间长的特点，它是记忆过程中比较稳定的阶段。图尔文（Tulving）将长时记忆分为情境记忆（episodic memory）和语义记忆（semantic memory）。"情境记忆"是指根据时空关系对经验事件具体的、细节的记忆和描述，与视觉记忆、意象组合、回忆具有更密切的联系。这种记忆是与亲身经历分不开的，例如使用过的产品、旅游过的地方或参加过的会议等。由于情境记忆会受到时空限制，易受到各种因素的干扰，其记忆是不够稳固与确定的。"语义记忆"是指人们对一般知识和规律的记忆，是关于语言、符号、公式、原理、规则、概念等有组织、有系统的知识的记忆。语义记忆很少受到外界因素的干扰，与特定的时空关系无关，因而比较稳定。

短时记忆与长时记忆存在明显的区别，在用户信息加工过程中主要表现在以下几个方面。首先，从信息编码来说，短时记忆信息编码更为活跃，具有瞬变特征，是对认知筛选过的信息的直接编码；长时记忆则更为持久，具有稳定特征，是在短时记忆编码基础上的编码。其次，从信息存储来说，短时记忆信息存储容量小，且容易遗忘；长时记忆容量大，且不易更改和遗忘。最后，从信息提取来说，从短时记忆中提取信息的时间极短，而从长时记忆中提取信息则要相对较长的搜索时间。短时记忆与长时记忆并不是彼此孤立的，而是在认知过程中相互交错，并在一定条件下相互转换。其相互关系类似于计算机内存与硬盘的关系，一方面，短时记忆的编码过程中经常需要提取长时记忆信息，以提高编码效率；另一方面，短时记忆的内容是长时记忆的基础，短时记忆只有进入长时记忆后，才能避免遗忘，进入相对稳定和永久的状态。

记忆对产品信息的编码、存储和提取，对用户的思维起到关键的作用，其不仅提供了概念生成和问题求解等思维活动所需的产品信息，同时也提供了思维活动的能量资源。认知心理学研究，记忆容量的大小对思维也有着直接影响。用户的记忆容量越大，记忆内容越丰富，其思维的扩展度和效率越高，问题求解的效果越好。

2. 信息加工中的思维

思维作为认知过程的高级阶段，是人对客观事物进行的概括和间接的反映过程[14]，揭示了事物的本质特性和内部联系。[15]思维主要包括两方面的问题：概念的形成和问题解决。从思维的特点出发，不同的学者对思维有各种不同的分类方式，如按其内容和性质的特点，分为形象思维、抽象思维和动作思维；按其方向和范围的特点，分为聚合性思维和发散性思维；按其运用知识经验的方式的特点，分为再造性思维和创造性思维；按其遵守规律逻辑的特征，分为直觉思维和逻辑思维。[16]

认知心理学家将"任何受目标指引的认知性操作序列"定义为问题解决。运用已有的过程、步骤、方式等的问题求解称为常规性问题解决，运用新的过程、步骤、方式等的问题求解称为创造性问题解决。问题解决是通过一系列的思维操作而达到目标。思维操作的过程是从初始状态经过一步步的"问题空间"最后达到"目标状态"的过程。问题解决的特征分为目标指引性、操作序列和认知性操作三个方面。问题解决就是在问题空间中进行搜索，以求通过不断搜索最后达到目标。启发式搜索和手段—目的分析法是常用的问题解决方法。启发式搜索是利用过去已有知识经验，有针对性地提出假设，然后进行检验并得出结论的方法。手段—目的分析法是将总目标分解为多个小目标，并提出达成目标的手段，最终解决问题的方法，该方法也称为通用问题解决方法。

思维是在记忆提供的信息基础上展开的更深层次的加工。思维过程是用户提取存储在长时记忆中的知识经验，对于存储在短时记忆中经过编码的信息进行分析、综合、比较、抽象和概括，揭示事物之间的关系，形成概念，并利用概念进行判断和推理，进而解决用户面临的各种问题的过程。

[14] 彭聃龄. 认知心理学 [M]. 北京：人民出版社，2008：247.
[15] 彭聃龄. 认知心理学 [M]. 北京：人民出版社，2008：6.
[16] 车文博. 当代西方心理学新词典 [M]. 长春：吉林人民出版社，2001：353.

3. 信息加工中的认知负荷

1988年，澳大利亚新南威尔士大学教授斯威勒（Sweller）指出工作记忆是最主要的认知资源，围绕问题解决技巧，提出认知负荷概念，并将其定义为认知活动中工作记忆的负荷。[17] 认知负荷理论以资源有限理论和图式理论为基础[18]，展开问题解决和习得过程等信息加工过程。

资源有限理论认为，在问题解决或习得过程中，当用户所要认知加工的信息超过其工作记忆所能加工的信息容量时，就会引起资源分配不足的问题，产生认知负荷过重，影响个体习得和问题解决的效率。[19] 图式理论认为，图式是围绕一个认知任务、问题或主题组成的信息认知结构，它是具有丰富意义的信息单元或由多个信息编码而成的集合。认知中的图式是概念和感知对象的连接纽带，是长期记忆中信息和信息结构的储存方式之一。它使用户能够在问题求解或学习过程中，根据信息将被使用的方式对信息进行归类，并通常是与某些特定的求解程序相关联，以帮助用户理解问题的概念并掌握求解的方法。用户利用长时记忆中的图式对新信息进行加工、整合，能够降低认知负荷并提升认知的效率和质量；同时，新信息的认知过程中，用户生成的新图式不断增加其长时记忆中图式的数量，提升图式的质量。

影响用户认知负荷的因素可以分为用户能力与经验、认知任务特征、信息组织和呈现方式三个方面。

用户能力主要指用户的记忆与思维能力，其不仅决定了用户认知资源的总量，同时也是图式生成和运用的基础。用户经验主要指用户长时记忆中所具有的图式的数量和质量。对于不具有适宜图式的用户来说，每一条信息均是一个独立的信息加工单元，需在工作记忆中被独立加工，因此工作记忆中待加工的信息量较大，容易认知负荷过重，导致信息加工受阻。在面临相同的认知任务时，用户经验越丰富、能力越强，拥有的认知资源和图式越丰富，其认知负荷就越轻。用户能力与经验的差异是同一认知任务，产生用户认知负荷差异的主要原因。

---

[17] Sweller J. Cognitive load during problem solving: Effects on learning [J].Cognitive Science，1988，12(2): 261.
[18] 张慧，张凡. 认知负荷理论综述 [J]. 教育研究与实验，1999(4):45–47.
[19] Sweller J. Cognitive load during problem solving: Effects on learning [J].Cognitive science，1988, 12(2): 257–285.

认知任务特征包括认知信息元素的量以及交互关系。工作记忆在加工认知任务时，一般需要对所有信息以及信息间的交互作用关系同时加工，才能整体理解认知任务。认知任务所包含的信息数量的多少，以及信息间交互关系的复杂程度，决定了认知过程的信息量和信息加工的难度。当信息数量或难度超出用户认知资源时，则会出现认知负荷过载，并导致认知加工的中止。需要注意的是，当认知任务的信息数量、加工难度超出用户认知负荷时，一般用户会采用获取外部图式的方式加以解决，如查找资料、询问专家、参加培训等。当外部图式通过认知实践被验证后，用户会在长时记忆中生成针对特定认知任务的新图式，并在今后的同类型认知任务中加以运用，以降低认知负荷。

信息组织和呈现方式在用户认知简单任务时对认知负荷的影响并不明显，但当认知任务复杂程度较高时，则需要通过信息组织和呈现方式优化，将复杂的认知任务分解为多个相对简单的信息集；通过设立认知的逻辑关系和认知次序，使任务信息有序进入用户工作记忆，分阶段进行信息加工；通过减少阶段性认知过程中的信息元素数量，简化交互关系，进而降低用户认知负荷。同时，良好的信息组织和呈现方式可以为用户提供调用长时记忆中图式的线索和提醒，帮助和指导用户运用已有图式达成认知任务，降低认知负荷。

4. 名义型信息加工

名义型信息加工也称作经验型信息加工，用户主要运用经验，通过图式信息搜索完成信息加工过程，其认知负荷较低，甚至可能在下意识状态下不假思索地完成，是用户认知介入程度较低的信息加工模式。

名义型信息加工是以用户认知经验为基础的，在认知经验运用中可分为经验调用和自然匹配两种方式。经验调用是指用户再次使用以往使用过的产品时，直接调用长时记忆中的图式，由于图式与认知行为完全一致，用户可以迅速而轻松地完成认知过程和产品使用，重复的次数越多，图式运用越熟练，用户的认知负荷越小，甚至能在下意识状态下完成认知过程和产品使用过程，且使用效率和精度均会随着熟练程度而提高。自然匹配是指用户在认知和使用产品时，能够依靠图式理解信息表征内涵、操作方式，并能够正确预见操作及其结果之

表3 垃圾桶的认知匹配

	现实中的垃圾桶	计算机中的回收站
	有了废纸（垃圾）	有了无用的文件
	把废纸（垃圾）丢进垃圾桶	将无用的文件拖动到回收站
	发现废纸（垃圾）还有用，捡回来	还原还有用的文件
	垃圾桶满了，去倒掉	清空回收站，释放空间

间的对应关系。诺曼（Norman）在其著作《设计心理学》中解释了自然匹配的概念，并指出产品中这样的对应关系越是显得自然，用户就越容易理解和记住产品的操作方法。

产品设计中常通过名义型加工模式的创设，以达成降低用户认知负荷，提升产品可用性的目的。如计算机桌面中的"垃圾桶"（回收站）就是利用了现实世界中用户使用垃圾桶的经验，其匹配关系见表3，名义型信息加工的自然匹配使新手用户也非常容易地理解计算机桌面中的"垃圾桶"——回收站的功能和使用方式，并在今后的使用中能够通过经验调用熟练使用这项功能。

5. 有限型信息加工

有限型信息加工也称作推论型信息加工，用户主要运用一般能力和已有知识完成信息加工过程，使用外部信息有限，其认知负荷中等，用户认知介入程度一般，是产品设计比较常见的信息加工类型，主要应用于用户对简单变量组合的产品认知。

有限型信息加工是介于名义型信息加工与习得型信息加工之间的一种信息加工类型，是用户运用一般能力从一个或者几个已知的图式中得出新的图式的思维过程和思维形式。在对新信息认知加工中，用户首先将其与原有图式进行比较，并建立与原有图式的关联；然后运用原有图式中的认知规则推论出信息的新概念和行为的新程序；新的图式验证正确后，则在长时记忆中形成经验。如图20所示的电熨斗与挂烫机，用户如具有电熨斗使用经验的话，就很容易将挂烫机的信息加工与电熨斗相关联，推论出挂烫机的使用过程。有限型信息加工完成后，当认知任务再次出现时，信息加工类型将转换为名义型加工。如果用户运用原有知识无法完成有限型加工，将转换为习得型加工或者放弃认知活动。

用户在面对具有新功能、新交互方式的新产品、新服务，无法使用经验直接完成信息加工时，一般均将有限型信息加工作为最常用的信息加工模式。用户运用一般能力，利用产品的符号语义、认知规则、输出对应等内部图式，结合产品提示信息，生成新的概念和行为程序，并通过试错来验证认知输出的正确性，完成用户信息加工过程，达成产品使用目的。

图20 电熨斗与挂烫机 [20][21]

6. 习得型信息加工

习得型信息加工涉及广泛的内外部信息收集和运用，并伴有对多种备选方案的复杂比较和评价，其认知负荷较高，是用户介入度较高的信息加工模式，主要应用于用户对陌生复杂信息变量组合产品的认知。

习得型信息加工是最复杂的用户信息加工模式，会耗费用户较多的时间和精力，对复杂变量产品或专用设备的初次认知大多

[20] https://item.jd.hk/1973682660.html，2019-2-16.
[21] https://item.jd.com/1043580.html，2019-2-16.

属于习得型信息加工。习得型信息加工的重要特征是外部知识的获取和运用,在外部知识与用户一般能力、内部知识综合作用下,用户获得和提升专业能力,以保证信息加工的顺利完成。当用户将习得型信息加工中获取的知识和能力内化后,再次进行类似的信息加工时,信息加工模式将转化为有限型信息加工;随着用户熟练程度的增加,信息加工模式将转化为名义型信息加工模式。

为了帮助用户顺利完成习得型信息加工,产品设计中一方面可以通过技术应用,简化、合并产品信息变量,以减轻用户习得型信息加工的难度;另一方面需要提供用户获取外部信息的渠道、优化获取方式,通过培训、说明书、网站、咨询电话、售后服务等方式帮助用户完成信息加工过程。对于复杂程度特别高的专用产品则需要通过培训、考核、许可的方式才能使用户获得信息加工中需要的专业能力。如图21所示,汽车驾驶操作系统功能复杂,一旦操作不当就会产生严重后果,所以用户在正常驾驶汽车前,必须到驾校进行学习,通过各个科目的考核后,才能驾驶相应规格的汽车。

图21 宝马汽车驾驶台

五、用户认知信息输出

用户获取产品信息后,将经过信息的筛选、加工的信息加工结果输出的过程,也称为信息反馈。输出是对于产品信息加工效果的本质属性和规律的体现,是对产品系统实施控制的一种普遍有效的方法,又可以成为用户理解产品信息的一把钥匙。通常情况下,用户认知信息输出是原有产品信息触点认知结束和新的产品信息触点认知触发的交汇。

用户输出有正负之分,用户认知信息的正输出对用户的产品认知不断进行推动、调节和矫正，以确保产品使用过程顺畅、高效，并获得良好的用户体验满意度；负输出则相反，对认知活动产生抑制作用，导致用户无法良好地控制和使用产品，需要用户反复试错后，才能完成产品使用，甚至导致使用任务失败，用户体验较差。用户对产品信息认知输出的表现形式，主要分为以动作要素指令集、知识经验、情绪及情感等为主体的内隐性输出和以语言、动作、表情等行为为主体的外显性输出。

1. 内隐性输出

用户认知信息输出中的内隐性输出主要包括两个方面：一方面是存在于短时记忆中产品信息的知识表征生成、动作要素指令集生成、情绪生成，其具有及时性特征；另一方面是进入长时记忆中的知识特征、经验、观念、态度、情感及体验，其具有延时性特征。

短时记忆中的产品信息的知识表征与长时记忆中的知识特征信息进行比对，由长时记忆中的与产品相关的知识信息进行评价、判断后进行信息输出，对内进一步丰富长时记忆内容，并对其进行校验、修订和完善；对外通过在动作要素指令集和情绪的控制下，指导用户的产品使用行为，以保障用户产品认知活动的顺利完成。

进入长时记忆中的认知信息输出共同构成认知信息加工的前馈。所谓前馈是指用户在产品信息认知过程中，针对同类型认知加工要求，提取用户多次训练后在长时记忆中存储的知识、经验、情感等信息，运用过去成功解决问题的思维步骤与方法，指导用户迅速解决认知加工问题，并控制用户的信息输出。前馈与输出相对，在用户对产品信息的认知加工中，一般情况下，单个信息触点的简单认知多由输出直接控制；而在多个信息触点组成的复杂认知加工中，则必须有前馈的介入，才能保障用户对产品信息认知加工的可控和高效。

2. 外显性输出

用户对产品信息认知的外显性输出主要指针对用户的产品使用目标，根据用户产品认知结果，按照一定的方式、方法采取的行为。外显性输出由一系列的活动、动作和行动等构成。认知信息外显性输出中的行为输出，主要分为语言与符号、动作和表情输出。

语言是由语音、词汇、语法构成的复杂体系，是人最重要的交际工具。符号则是一种以语言系统的规则为基础的能指与所指、载体与意义的双重实体。在各种符号系统中，语言是最复杂的符号系统。[22]语言和符号都是人进行交际活动的重要工具，在用户对产品信息的输出中，它们共同完成产品知识表征、特点、属性、内在联系等用户经验、综合体验以及其他内隐性输出信息的陈述、表达、交流与传播。

动作是服从于一定目的的运动。人的运动可分为先天性的运动和获得性的运动两种，动作属于获得性的运动。动作是行为和活动的组成因素，人的任何行为和活动都是由一系列基本动作构成的。内隐性的认知输出中的动作指令集，主要包含着动作的序列和动作要素，对用户的外显性动作进行控制和指导，并通过一系列连锁性的动作系统完成产品使用任务，达成产品使用功能。

表情是情绪与情感在外显行为上所表现的一切变化或动作，主要分为面部表情、姿态表情和言语表情等。美国心理学家伊扎德通过情绪归类实验，证明了人类的基础情绪与情感，如喜、怒、哀、惧等的表情具有普适性。所以，表情不仅是认知输出的外在表现，也成为了解和比较情绪、情感等主观体验的客观指标之一。

3. 前馈与输出

前馈指控制和干预子系统的高一级系统对子系统的信息输入。输出是对已经发生事件的回复与指示，前馈与输出相对应，是对下一步即将发生事件的指示，产品设计中的前馈主要分为基于用户经验和认知规则的用户前馈、基于产品前置性提示的产品前馈。产品前馈是对用户前馈的补充，其主要作用是以产品使用目的达成为导向，引导和提示用户采取正确的行为。

由于用户前馈能力的差异，产品设计中一般通过优化产品前馈设置来提升其与用户交互的能力，以削减复杂产品系统带给用户的认知负荷，保障产品的正确使用，进而提升产品可

---

[22] 李鹏程. 当代西方文化研究新词典 [M]. 长春: 吉林人民出版社, 2003.

用性和用户体验。从产品前馈的目的出发，可将其分为引导性前馈和容错性前馈。引导性前馈通过信息提示引导用户达成正确操作产品的目的。随着产品智能化程度的不断提高，用户希望产品能够提供及时、明确的产品前馈，实现有效的人机双向沟通，减少对用户前馈的依赖，为用户使用产品提供"导航"，简化用户思考过程，减轻用户认知复杂产品系统的认知负荷，保证产品在各级熟练程度用户的面前能够正常工作，进而提升产品的可用性和用户体验。容错性前馈以包容用户使用产品时发生的错误为主要目的。一方面，产品通过提示或警示信息避免用户在产品使用过程中产生误操作，提升产品操作的正确率；另一方面，当用户发生错误时，产品在错误提示的基础上提供解决方案，帮助用户纠正错误或弥补错误造成的损失，避免用户面对错误时手足无措。

前馈研究无法离开输出单独进行，前馈需要与输出共同作用，相互补充促进，才能共同完成产品认知的循环行为。前馈与输出的关系主要包括转换关系、协作关系和对应关系。[23] 转换关系主要表现为前馈与输出可能相互转换。前馈具备着输出的特征，有些情况下输出行为也可能是前馈行为。在产品输出中，有时产品生成的信息既是对用户前一个行为的输出，也是对下一个行为操作的前馈。前馈或输出不存在单独出现的现象。协作关系是指在产品设计用户认知中，前馈与输出相互配合，作为用户认知的统一体，有时需要综合考虑，有时保持相对的独立性，相互影响并相互促进，通过协作以达到减轻认知负荷，提高产品易用性的目的。对应关系是指输出是对前馈引导下用户认知行为的响应，前馈需要与特定的输出形成一一对应的关系。如果输出不能反映特定的前馈引导，用户会感到迷茫，造成用户思维混乱，直接影响产品的正确使用。

---

[23] 肖苒，李世国，潘祖平. 前馈机制在产品交互设计中的应用[J]. 包装工程，2010，31(18):31-33.

第三节　产品设计中用户认知的层级模式

一、产品设计中用户认知层级要素

产品设计中的用户认知层级描述用户认知的信息组织结构，用于模拟和呈现用户认知过程中从产品信息表征获取到使用目标达成的基本脉络。根据用户认知过程，结合用户产品使用与体验过程，可将用户认知层级分为"目标""任务""信息/行为流""信息触点"四个要素。

1. 用户认知中的目标

用户认知目标是用户对产品认知活动客观现实的主观设想和评价。在用户需要的驱动下，用户认知目标有具体的方向和目的，是可能实现的产品价值，是用户反映产品使用客观现实的主观意向，具有主观性、方向性、现实性等特征。用户认知目标由目标设想和目标评价共同构成。

用户认知目标设想是用户对认知活动的预期，属于产品设计中用户认知的总体前馈，是认知活动展开前用户依据知识、经验等对于认知活动结果产生的主观设想，设想中包括用户需要满足的内容、过程、方式、程度等各方面的预期。产品设计中通过探查用户目标设想，可以明确满足用户的基本需要的产品核心任务，在用户目标设想基础上的需要挖掘是发掘产品期待任务和创设产品延展任务的基础。

用户认知目标评价是用户完成产品认知活动过程中，对于实际涉及的诸多认知任务评价的综合，是对认知活动的总体反馈。其由用户达成任务的目的性评价和任务达成的过程性评价共同构成，前者倾向基于产品功能实现的理性评价，后者倾向基于产品使用过程体验的感性评价。当用户认知目标评价超越目标设想时，用户的满意度较高，并产生正面情感；反之则会产生不满意的负面情感。同时，通过认知评价，用户会对原有的目标设想进行修订和调节。

2. 用户认知中的任务

把总目标分解为若干个较为简单的子目标，把复杂问题分解为若干个子问题，是问题求

图22 "任务"分类的图示

图23 "核心任务"失败导致用户认知中断

解的前置步骤。用户在产品认知过程中，总体的认知目标与产品价值获取同样可以分解成多个子项，在本次研究中我们将目标子项称为用户认知"任务"。一个任务的达成由多个信息/行为流认知产生的行为、动作和态度、情感构成。

以用户认知目标和产品价值获取为导向，根据用户需要满足层次的差异，产品设计中用户认知任务可分为核心任务、期待任务和延展任务，其图示见图22。核心任务是用户完成认知目的和获得产品价值必不可少的任务，核心任务不会因为用户差异和场景差异而产生变化，其定义了产品的认知目的的基本价值，一旦核心任务中有一项任务未能达成，用户的认知目的将无法达成，如图23所示，核心任务是用户进行产品认知的基本型任务。期待任务是在核心任务达成基础上，由用户期望而引发的任务。核心任务满足的是用户的基本型需要，期待任务则是满足原有产品无法顺利满足的用户显性需要，是用户细分和场景细分的竞争型任务。延展任务是用户认知过程中出现的用户未预知的任务。延展任务是由设计师在研究用户需要的基础上创设的满足用户隐性需要的新任务，一般与产品新的功能价值、行为方式、表征特征等相关联。延展任务能够为用户创造超出预期的新价值，是满足用

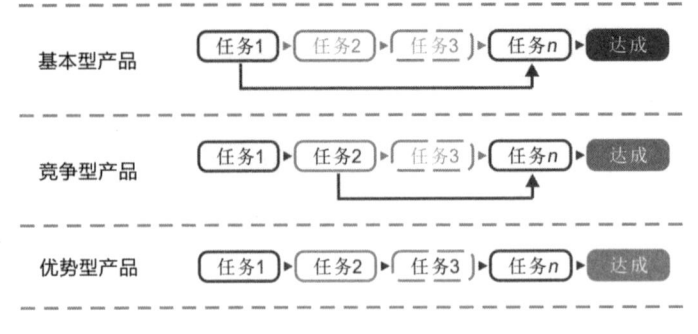

图 24 基于用户认知任务分类的产品类型

户兴奋性需要的优势型任务。

在实现产品目标的达成前提下，不同的任务类型组合定义了不同类型的产品，如图 24 所示。基本型产品主要达成用户认知过程中"必须有"的核心任务，聚焦产品主要功能，强调任务的简化，产品价格和附加值一般较低，当其顺利达成时用户不会感到特别满意，但一旦无法达成，会引起用户的强烈不满。基本型产品主要为用户解决"有没有"的问题。竞争型产品在达成产品核心任务的基础上，通过对用户表达出来的显性需要进行任务发掘，在产品设计中通过满足用户期待任务，提升用户认知中目的达成和过程体验中的用户满意度，实现产品市场竞争力的提升。竞争型产品主要为用户解决"好不好"的问题。优势型产品在核心任务和期待任务的基础上，通过挖掘基于用户隐性需要的延展任务，创设和达成超出用户预期的需要满足。由于延展任务是用户未预期的，即使其未出现，也不会引起用户的不满，但如果顺利达成，则会大大提升产品设计中用户认知的满意度峰值，形成优势型产品。优势型产品设计就是要去解决用户"爱不爱"的问题。基于用户需要的不断发展和变化，当期待任务得到用户认可，被广泛采用并成为常态时，期待任务将转换为核心任务；同样，延展任务普及后，也将逐渐转换为期待任务和核心任务。

3. 用户认知中的信息 / 行为流

用户认知中的信息 / 行为流是指用户认知产品过程中，信息在产品表征信息（信息源）与用户（信息接收者）之间的流动，将信息加工的结果输出为行为、动作，并通过行为和动作完成产品功能的过程。用户对信息/行为流的认知加工结果，不仅输出动作、表情、语言等显性行为，还输出态度、情感、决策、反思等隐性行为。

"信息/行为流"的研究以任务达成为导向，对用户认知任务进一步细分，其以用户认知输出的行为为主要研究对象，常以用户外显性的行为为线索，使用信息/行为流矩阵、用户旅程图等工具展开研究，以用户行为内容和结构的合理性、有效性为评价标准。由于用户差异和使用情境的差异，用户在进行认知任务分解时会产生多种信息/行为流组合方式。为了包容用户和使用情境的差异，在产品设计中可以通过生成用户信息/行为流矩阵，设定和评价用户认知信息/行为流后产生的行为，以及信息/行为流组合方式，确保产品设计中认知任务的达成。

用户行为是与产品信息流进行交互的结果，其具备过程性、流动性、不稳定性等特征。是产品表征信息与用户之间的互动，用户行为是信息源与用户一次或多次信息互动的结果。行为导出是用户信息/行为流认知的结果，也是信息/行为流单元划分的依据。

4. 用户认知中的信息触点

信息触点作为产品信息的具体表征载体，是产品在用户使用过程中产生的各种信息连接点。信息触点属于用户认知产品的起点，也是用户认知"信息/行为流"的构成要素和基础。产品的认知过程中，用户与产品的每一次接触都将产生一个或多个信息触点。一般而言，用户在所有信息触点的体验中都具有某种感知期望，信息触点所提供的内容、感觉通道、感知方式、知觉效用等方面如果符合或超过用户预期，用户将获得良好的感知体验，这样的体验直接影响到用户认知信息/行为流和任务的达成与体验。信息触点不仅存在于用户和产品之间，同时也存在于用户和产品系统之间。信息触点的研究以行为和态度达成为导向，是对用户认知信息/行为流的进一步细分，其研究重点是产品功能性信息和情感性信息的内容设定、表征生成的合理性和用户感知体验的愉悦性，是用户信息/行为流、任务的达成和提升用户综合体验的基础性支撑。

产品设计中的信息触点可分为两类：使用型信息触点和传播型信息触点。其中，使用型信息触点是指用户在实际的产品使用、操作、接受服务等过程中以产品表征为载体的信息触点，主要作用于用户与产品实际接触阶段，其直接作用于用户对产品信息的认知。基于产品设计定义产品表征的特征，使用型信息触点是产品设计中用户认知层级研究的重点。传播型信息触点是指用户在未接触产品时，通过各种广告传播媒体或他人获取的产品描述类信息，这类型信息主要产生于用户实际使用产品的前后，作用于用户实际认知产品的前馈。传播学、营销学和广告学等学科对这类型信息触点展开了较为深入的研究。

图 25　用户认知宏观层级关系

二、产品设计中用户认知层级关系

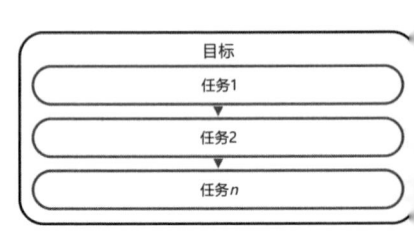

1. 用户认知宏观层级关系

用户认知宏观层级关系由"目标"和"任务"层级要素构成，用户认知目标包含多个认知任务，其宏观层次相互关系如图 25 所示。用户认知目标被分解为多个具体的任务单元，任务完成与否及其完成的质量直接影响产品价值的体现，并产生产品设计用户认知中局部的综合体验。在宏观层级关系中，目标定义了用户需要满足的设想和评价标准，并根据用户认知目标，将认知过程分解成多个对目标达成形成支撑的任务，形成产品价值架构。产品设计中用户认知任务分解主要针对目标用户产品使用过程中比较稳定的任务，以及任务的内容与序列。

2. 用户认知中观层级关系

用户认知中观层级关系由"任务"和"信息 / 行为流"层级

图 26　用户认知中观层级关系

要素构成，如图 26 所示，多组信息/行为流协同完成产品交互，实现产品功能，达成用户认知任务，信息/行为流的完成状况决定了任务的达成率和满意度。在这个层级关系中，信息/行为流中的行为流特征更为显著，一系列信息流和行为流相互作用，共同完成用户认知加工和认知输出部分，输出行为指令集和态度与情感。其中，行为指令集外显为一系列的用户行为动作，通过动作组合完成产品操作行为，达成产品使用功能，完成用户认知任务；认知加工过程中的态度与情感则形成内隐的用户任务过程中的行为体验。用户认知中观层级关系在用户认知活动中起到了承上启下的作用，其中信息/行为流层级要素是用户认知任务达成与产品信息触点表征之间的中介。

3. 用户认知微观层级关系

用户认知微观层级关系由"信息/行为流"和"信息触点"层级要素构成，如图 27 所示，信息触点作为信息源是信息流生成的起点和信息加工对象，这个层级关系中信息/行为流中的信息流特征更为显著，其重点完成信息加工中的信息获取阶段，即信息触点触发用户认知活动，用户通过感知觉完成信息获取，并通过注意与意识完成信息筛选，完成信息加工准备。用户在这个过程中启动信息加工过程，获取加工素材，并产生产品设计中的用

图 27　用户认知微观层级关系

户感知体验。

综上所述，将上述三个层级关系复合，可用图28来表达用户认知各层级要素的相互关系。用户认知的层级关系呈现出包裹性的特征。从用户体验的视角看，用户认知层级关系中由"信息触点"与"信息/行为流"构成的微观层级关系，主要输出用户感知体验；由"信息/行为流"与"任务"构成的中观层级关系主要输出用户行为体验；由"任务"与"目标"构成的宏观层级关系主要输出用户的综合体验。

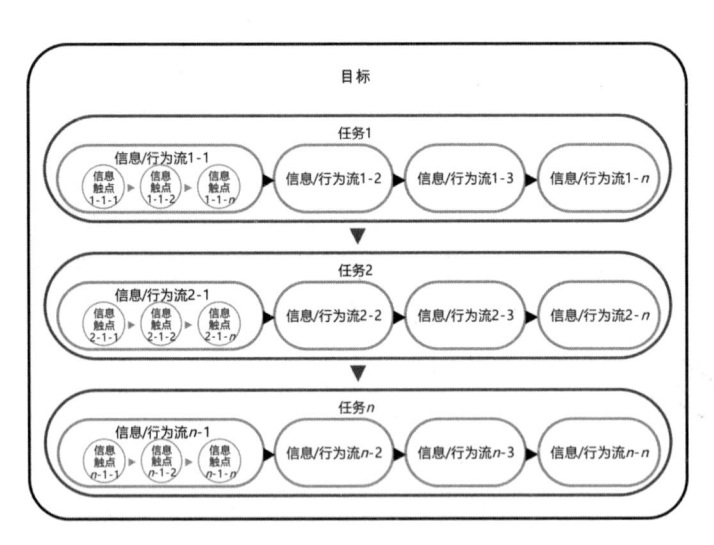

图28 产品设计中用户认知层级要素模式

第四节 产品设计中用户认知满意度测评

一、用户满意度的概念

产品设计中的用户认知体验主要是指用户在使用产品过程中建立起来的一种纯主观感受,即使用之前、使用期间及使用之后的全部感受[1],是用户认知映像的集。满意度是将满意这一心理状态数字化的结果,是客户对产品或服务的事前期望与实际使用产品或服务后所得到实际感觉的相对关系。[2] 用户满意度也可以称为顾客满意度或客户满意度。1965 年,美国学者 Cardozo 首次将"顾客满意"概念引入商业领域,20 世纪 90 年代满意度管理作为营销管理战略被广泛运用。满意度测评发展至今已经历经 10 个代次,并产生了一系列模型。

现有的大多数用户满意度测评方法虽然无法直接指导产品设计创新,却为满意度测评提供了研究框架、思路和方法。本书在上述研究的基础上,结合产品设计研究领域中对用户认知层级和用户认知过程的研究,探索构建产品设计中用户认知满意度测评体系。本次研究以产品设计中用户认知层级划分为线索,结合用户认知过程,将产品设计中用户认知满意度测评内容分为以价值为导向的用户认知目标分解宏观测评、以行为为导向的用户认知目标分解中观测评、以信息加工为导向的用户认知目标分解微观测评三个部分。

二、产品设计中用户认知测评的策略

1. 系统测评与重点测评相结合

产品用户认知模型测评内容丰富、变量众多,其研究需要根据用户、行业、企业、产品的特点构建系统性的测评体系和结构,以确保研究的完整性、科学性、合理性和可行性;在测评体系构建完善的前提下统筹规划,使研究团队和成员的协同行动产生整合作用,提升研究的效用。

---

[1] Jesse James Garrett. 用户体验要素:以用户为中心的产品设计 [M]. 范晓燕,译. 原书第 2 版. 北京:机械工业出版社,2011:6.

[2] 刘宇. 顾客满意度测评 [M]. 北京:社会科学文献出版社,2008:8.

结合产品生命周期理论，导入期产品用户认知研究主要为用户认知宏观层级关系中的核心任务研究，通过定义和创设满足用户新的价值需求的产品核心任务，实现价值创新突破，定义新型产品和市场。成长期产品用户认知的研究重点包括两方面：一方面，包括用户认知宏观层级关系中期待任务和延展任务的创设，通过产品族的生成拓展丰富产品价值创新；另一方面，通过用户认知中观层级关系中用户行为的优化，强调达成用户目标价值方式和路径的创新。成熟期产品研究重点主要为用户认知微观层级关系的优化，其研究重点更倾向于产品可用性和用户满意度的提升。衰退期产品研究重点主要聚焦以新一轮用户价值的挖掘为导向的用户认知宏观层级关系重构，以展开产品再定义的预研。

2. 定性与定量研究相结合

定性研究作为人文社会科学的主观研究范式，其重点是对研究对象的考察、说明、归因以及推论，是发现问题的过程。定量研究作为自然科学的客观研究范式，是对事物的量的分析和研究，其重点是通过数据以及数据模型中自变量和因变量关系，并以此为基础来计算、说明和验证研究对象中各要素间的关系，评价和验证研究假设及推论，属于实证性研究。

在产品设计中，用户认知测评的目的在于打开用户认知模型的"黑箱"，通过对各认知层级要素及其相互关系的描述、分析，解释、探究用户认知的复杂性，以指导产品设计创新的展开。在解释、探究阶段的研究中，采用观察法、深度访谈法、出声思维法、个案研究法等定性方法相对较多。通过对研究对象进行深入的了解，注重参与者的观点，以用户的角度来阐述问题，重视对事物的解释性理解，以便探究用户认知模型的内在动力和隐性规律。在描述、分析阶段的研究中，采用调查法、问卷法、实验法、统计分析等定量研究方法相对较多。通过对结构化数据的测量，采用数据的方式对研究对象的特征和数量变化进行描述，并通过数据分析其内在规律，揭示客观事实。

用户认知测评研究中，需要将质和量有机结合起来。定性研究与定量研究各有优势，两者在研究中需要相互关联、补充、佐证，才能更好地完成描述、分析、解释、探究各阶段的研究，两者相结合亦是工业设计研究中用户认知测评研究的必然选择。

3. 描述性、解释性、探索性研究相结合

描述性研究是对研究对象进行客观、详细的描述，并尽量不予以价值判断的一种研究方法。[3] 描述性研究强调全面、科学、中立，在用户认知模型测评研究中，其研究重点主要是通过对用户认知要素、要素结构、变量关系、特征等的测评，客观描述认知模型的体系、内容、要素、特征等的现状。简单地说，描述性研究回答用户认知模型中"有什么""有多少"的问题，这是产品设计中用户认知测评研究中的基础研究。

解释性研究一般衔接于描述性研究，是其后续的研究阶段，是以一定的理论原则为指导，对研究素材进行概括和分析，说明事物的起因及其发展变化方向，揭示事物本质的研究方法。[4]

用户认知模型测评研究中，解释性研究主要是回答"为什么"的问题。它的研究重点在于用户认知模型中自变量和因变量的结构和因果关系，并为用户认知中变量的调节提供依据。探索性研究往往是研究者不能通过确定假设和研究方向，并且缺乏前人研究信息，从而导致无法进行精确研究的情况下，才采用的一种研究方法。[5] 其一般是在分析与研究内容相关信息、资料的基础上，探索和形成研究假设，并对其进行验证，以便为后期周密研究提供基础和指导。其研究重点是提出为用户认知模型优化和创新假设，并对其进行验证，进而得出"怎么办""行不行"等方面的答案，这也是用户认知模型测评研究中探索性研究所需要回答的主要问题。

综上所述，用户认知模型测评的研究是客观描述、科学分析、勇于探索、谨慎求证的过程，在这个过程中探索性、描述性和解释性研究互为支撑、相互补充。

---

[3] 张佳伟. 浅析描述性研究与观察性研究和实验性研究之间的差异 [J]. 北方文学，2017(5):122.
[4] 邓伟志. 社会学辞典 [M]. 上海：上海辞书出版社，2009:191.
[5] 邓伟志. 社会学辞典 [M]. 上海：上海辞书出版社，2009:192.

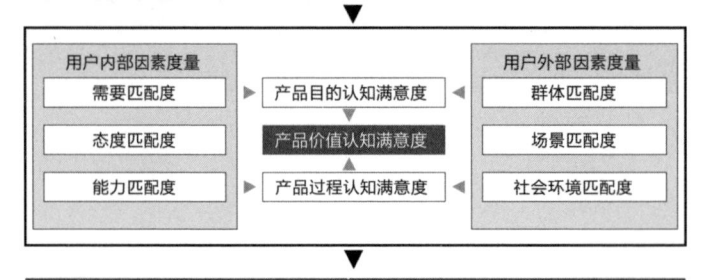

图 29　用户认知宏观层级关系测评内容

三、产品设计用户认知测评的主要内容

1. 用户认知宏观层级关系测评主要内容

用户认知宏观层级关系测评以用户认知目标与产品任务相互关系为测评对象，主要测评内容如图 29 所示，其目的是探究产品价值，并将用户认知目标分解为用户认知任务，其为设计创新提供产品目标用户及场景、价值、认知任务等定义的依据，进而帮助设计研究明确创新方向，制定产品创新战略型目标。价值是人们对于产品和服务的期待，可以通过产品对生活方式、功能特征和人机工程效应等方面的影响体现出来，并最终可以发展成为一个有用的、好用的和用户希望拥有的产品。[6] 根据用户需求所产生的产品设计需要和意义的不同，设计所赋予产品的价值取向也会有所不同。

用户认知宏观层级关系测评的主要内容包括三个方面：目标用户人群和场景特征测评、用户预期与期待的产品价值测评、产品认知任务与任务结构测评。（表 4）其中，目标用户人群和场景特征测评主要基于不同的用户人群和场景对于产品价值评价有着不同评价标准的探究，目标用户人群和场景特征测评的目的主要是明确目标场景中目标用户对产品价值的评价标准和限制条件，以防止测评研究泛化，控制工作量，提升研究效率。用户预期与

---

[6] 恰安，沃格尔. 创造突破性产品：从产品策略到项目定案的创新 [M]. 辛向阳，潘龙，译. 北京：机械工业出版社，2004:37.

表 4 用户认知宏观层级关系测评内容、目的与输出

测评分类	测评内容	测评目的	测评输出
用户认知宏观测评	目标用户人群和场景特征测评	生成目标用户人群与场景限制条件	目标用户人群与场景定位依据
	用户预期与期待的产品价值测评	明确产品价值主体目标	用户价值获取定位依据
	产品价值实现的任务与任务架构测评	分解产品价值达成的任务	用户认知任务定位依据

期待的产品价值测评指用户在获得产品功能和服务时，对感知到的利得与利失进行价值评价后，对于产品效用的整体综合评价。其主要内容一方面揭示用户"想要的价值"与产品"提供的价值"的差异，从用户认知的内部因素和外部因素等方面梳理和明确产品的价值现状；另一方面结合 Weingand 用户价值层次理论，从基本的价值、期望的价值、需求的价值和未预期的价值四个层次对产品价值进行分类，进而探究产品价值缺失，挖掘和创设用户未预期的隐性价值。而产品认知任务与任务架构测评是对产品价值实现的宏观基础的测评和产品价值需要认知任务达成的支撑，其测评内容主要包括任务内容、任务架构的合理性，并通过认知任务与产品价值的对应评价，排除冗余任务和防止任务缺失。

2. 用户认知中观层级关系测评主要内容

用户认知中观层级关系测评则以任务与产品信息/行为流相互关系为测评对象，目的是探究和生成基于任务达成的信息/行为流，为产品设计创新提供进行产品信息/行为流节点生成、结构及序列生成、行为方式生成等方面的依据，帮助设计师发掘优化、拆分、合并及创设信息/行为流的机会点和创新点，明确产品创新战役型目标的路径和突破口，提升产品的行为体验品质，如图 30 所示。

具体表现为以用户行为为线索，系统研究用户达成认知任务过程中各个信息/行为流节点的内容、结构，发掘和分析各信息/行为流节点的用户行为以及情感变化情况，是产品设计中优化与创新用户行为的基础。其测评的主要内容包括三个方面：产品信

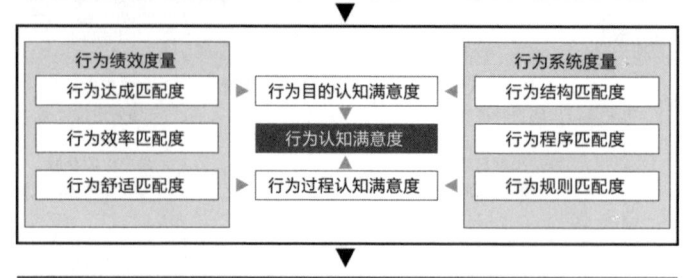

图 30　用户认知中观层级关系测评内容

表 5　用户认知中观层级关系测评内容、目的与输出

测评分类	测评内容	测评目的	测评输出
用户认知中观测评	信息/行为流节点	分解产品任务达成的目标	信息/行为流节点内容生成依据
	信息/行为流结构	生成产品使用逻辑与规则	用户行为结构、序列生成依据
	信息/行为流交互方式	生成产品使用方式	用户行为交互方式生成依据

息/行为流节点测评、信息/行为流结构及序列测评、信息/行为流交互方式测评。（表5）产品信息/行为流节点测评主要描述用户认知任务达成的信息/行为流节点数量、内容，评价其合理性和有效性。信息/行为流结构及序列测评主要描述产品信息/行为流系统的结构，分析用户行为逻辑和特点，评价用户行为序列关系的合理性和可行性，并为用户行为的增加与删减提供依据，并分析其合理性、困难度、可行性及其带给用户的情感变化。信息/行为流交互方式测评主要描述达成各信息/行为流节点行为的方法和形式，分析行为方式特征及其带来的结果和用户情感变化。

3. 用户认知目标分解微观层级关系测评主要内容

用户认知微观层级关系测评内容如图31所示，其是以用户信息加工过程为线索，描述产品信息/行为流所达成的过程中的各信息触点内容、结构，以及感觉通道，且需分析信息触点在信息获取、加工过程中存在的问题，为产品设计创新提供进行产品信

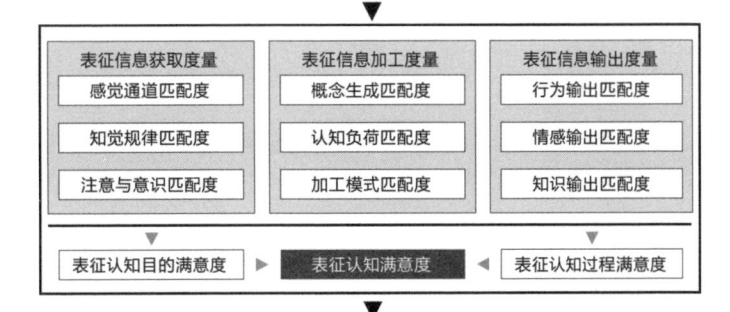

```
┌─────────────────────────────────────────────────────────┐
│                  筛选后的信息/行为流                      │
└─────────────────────────────────────────────────────────┘
                            ▼
┌──────────────────┬──────────────────┬──────────────────┐
│  表征信息获取度量  │  表征信息加工度量  │  表征信息输出度量  │
│   感觉通道匹配度   │   概念生成匹配度   │   行为输出匹配度   │
│   知觉规律匹配度   │   认知负荷匹配度   │   情感输出匹配度   │
│   注意与意识匹配度 │   加工模式匹配度   │   知识输出匹配度   │
├──────────────────┼──────────────────┼──────────────────┤
│        ▼         │        ▼         │        ▼         │
│   表征认知目的满意度 ▶ 表征认知满意度 ◀ 表征认知过程满意度 │
└──────────────────┴──────────────────┴──────────────────┘
                            ▼
┌─────────────────────────────────────────────────────────┐
│           基于信息/行为流达成的产品信息表征生成            │
└─────────────────────────────────────────────────────────┘
```

图 31　用户认知微观层级关系测评内容

表 6　用户认知微观层级关系测评内容、目的与输出

测评分类	测评内容	测评目的	测评输出
用户认知微观测评	信息触点内容及触发方式	用户行为达成的目标分解	用户信息加工内容及触发定位及依据
	信息触点感知通道与方式	调节产品信息获取方式	用户信息获取通道与方式生成依据
	信息触点认知筛选	调节产品信息认知顺序	用户信息加工序列生成依据
	信息触点认知加工	调节产品信息加工认知负荷	用户信息加工方式生成依据
	信息触点认知输出	调节产品输出信息内容与方式	用户信息加工输出内容和方式生成依据

息触点设定、信息加工过程优化和创新的依据；为设计师通过优化用户信息加工过程，即降低用户认知资源，调节用户认知负荷，提升用户认知绩效，生成产品表征提供依据；达成产品创新的战术型目标，提升产品的感知体验品质。

从产品设计中的用户认知过程出发，用户认知微观测评重点可分为五个方面：信息触点的内容与触发、获取、筛选、加工和输出。其中，内容与触发测评主要分析信息/行为流构成的内容，分析信息触发方式的类别，以及诱因分析；获取测评主要评价包括视、听、嗅、味和触等感觉通道的选择、转换、叠加，以及知觉生成和原型匹配；筛选测评主要分析用户对获取的信息进行信息加工的次序，以及优先级；加工测评主要分析用户认知加工类别，分析认知摩擦原因，生成认知负荷调节的依据；输出测评主要描述和分析产品对信息加工结果的反映是否能帮助和引导用户达成任务，以及前馈的生成。

四、产品设计中用户认知测评数据获取与分析方法

1. 用户认知模型测评样本的选取

样本的选取包括样本代表性和样本数量两个重点问题。样本代表性直接决定了测评的信度。准确描述样本群组特征，是提升样本代表性的关键，然后才能针对用户群组的差异通过分层抽样的方式选取样本。借鉴 Gordon 和 Langmaid 定义群组的方法，研究者首先需要列举样本特征重要的变量（如人口属性、经验水平、性别等变量）；其次，将变量进行优先级排列；再次，在变量组合的基础上生成群组；最后，按经验进行筛选与合并。通过这一方法可以归纳出样本群组的特征条件，并尽量进行群组归类。[7] 正确的样本群组特征分类，为高质量样本提供了选择要求，也明确了样本数量的基本要求，使测评样本的选取变得有的放矢，在保障测评信度和效度的前提下，更好地控制研究成本。由此可见，并不是样本数量越多越好，高代表性的小样本也可以满足用户认知测评需要。

2. 产品设计中用户认知模型测评方法

产品设计中的用户认知测评方法主要分为两大方面：数据获取方法与数据分析方法。根据产品设计中适用的测评层级，所使

---

[7] Jeff Sauro，James R.Lewis 著 . 用户体验度量：量化用户体验的统计学方法 [M]. 殷文婧，徐沙，杨晨燕，等，译 . 北京：机械工业出版社，2014：11.

表 7　用户认知测评的主要方法

层级关系	数据获取方法	数据分析方法
目标——任务	问卷法、访谈法、观察法、焦点小组	情境法、角色法、SET 分析、价值机会分析、KANO 模型、AEIOU 框架
任务——信息/行为流	影像记录、可用性测试、启发式评估、认知走查、眼动实验	均值比较、误差线、标准差、用户旅程图、AEIOU 框架
信息/行为流——信息触点	问卷法、访谈法、眼动实验、观察法、脑电实验、语意差异法	因子分析、相关分析、样本 T 检验、知觉图、神经网络、数量化理论Ⅰ类

用的主要研究方法有观察法、访谈法、语意差异法、价值机会分析、SET 分析、样本 T 检验、可用性测试、眼动实验、数量化理论Ⅰ类等，具体测评方法如表 7 所示。

五、用户认知满意度测评案例分析

以智能电饭煲产品为测评对象，从用户认知宏观层级关系中的功能与价值、中观层级关系中的界面可用性、微观层级关系中的感知与表征三个方面进行测试，比较分析用户对两个样本之间的认知差异。

1. 功能与价值测评

（1）样本选择

以智能电饭煲为实验对象，通过淘宝网、天猫商城、京东商城、品牌官网等平台收集智能电饭煲的产品样本，共收集 8 个主流品牌 221 款产品，包括美的 31 款、苏泊尔 31 款、九阳 8 款、松下 89 款、飞利浦 20 款、虎牌 21 款、大松 17 款和小米 4 款。经专家访谈，结合品牌排行、产品销量等因素，最终选定 2 个产品样本，如图 32 所示。样本颜色均为黑色，容量为 2L，功能、价格和人群定位相近。

（2）样本 SET 分析

样本 SET 分析可以挖掘影响人们生活方式的新的产品机会。主要从社会变革（S）、经济趋势（E）和技术创新（T）三个方面进行综合性定性分析研究。主要的研究目标是通过探究和发现社会、经济、技术等方面的新趋势，找到与之相匹配的用户新需求，进而为开发出新的产品和服务提供依据。

根据市场研究，全球独居生活人数已经从 1996 年的 1.53 亿上升到 2011 年的 2.77 亿——15 年里上升了 55%。在我国北京、上海、广州等大城市，独居青年越来越多，"空巢青年"大量涌现。或主动或被动，独居正在成为青年人一种普遍的生活选择。他们远离故乡、亲人，独自在大城市奋斗打拼，独居生活，缺乏感情寄托，缺少家庭生活。他们具有独立的经济能力，是忠实的网民，喜欢采用微信钱包、支付宝支付，关注公益，关注环保。在健康生活方式的倡导下，他们逐渐开始关注自己的饮食健康，午餐不再考虑外卖，而选择自带。这些 SET 因素为小容量可预约式家用迷你电饭煲提供了良好的产品机会缺口，如图 33 所示。

（3）价值机会分析

价值机会分析（Value Opportunity Analysis，VOA）主要用于确定产品或服务中的理想价值属性。价值机会分析提供一系列价值标准或者价值机会，描述产品的理想品质与用户期望的生活方式或理想类型的符合程度，帮助设计师考虑产品价值与用户之间的关联程度。价值机会分析的目的是评估现有产品和竞争对手产品的价值机会，以及为新产品创造目标价值机会。七种价值机会

样本一

样本二

图 32　测评样本

图 33 智能电饭煲 SET 因素分析

以及它们各自的属性如表 8 所示。

每种属性的价值用低、中、高来定性衡量。如果一个产品满足了该属性的某个级别，则将横线画至相应位置。如果该属性与产品机会毫不相关，则使用"N/A"（"不适用"）来表示。图 35 列出了利润影响力、品牌影响力和可扩展性。尽管它们不是价值机会，但反映了产品总体上是否成功，因此也被列入其中。

价值机会分析为设计小组提供一个聚集在一起对产品进行评

表 8　产品价值机会与属性

价值机会	价值机会属性
情感	冒险、独立、安全、感性、信心、力量等
人机工程	舒适性、安全性、易用性
美学	视觉、听觉、触觉、嗅觉、味觉
产品形象	适时化、适地化、个性化
影响力	社会的、环境的
核心技术	可靠性、可用性
质量	工艺、耐久性

比的机会。虽然通常各个成员之间会产生激烈的讨论，然而重要的是，参加的设计小组和利益相关者会更加深入地了解用户的价值和期望，并根据可靠的研究结果，从用户的角度出发考虑问题。组成 8 人的设计小组，包括设计人员 4 名、用户 4 名。从核心价值、次级价值和增值价值三个层面对智能电饭煲的产品价值展开分析，得到图 34；运用价值机会分析方法评估两款测试样本，针对每种属性展开讨论，最终对级别进行评定，分析对比结果如图 35 所示。两款测试样本存在差异的价值机会、价值机会属性及差异描述见表 9。

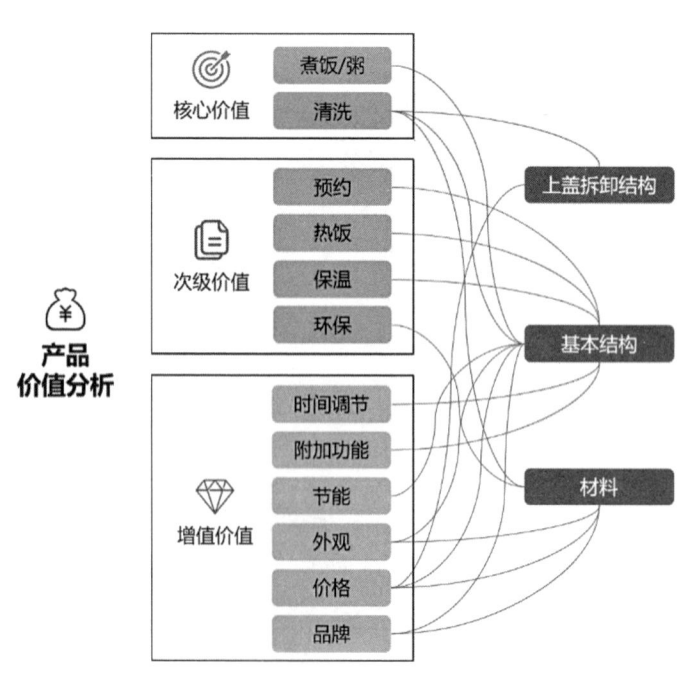

图 34　智能电饭煲的功能价值分析

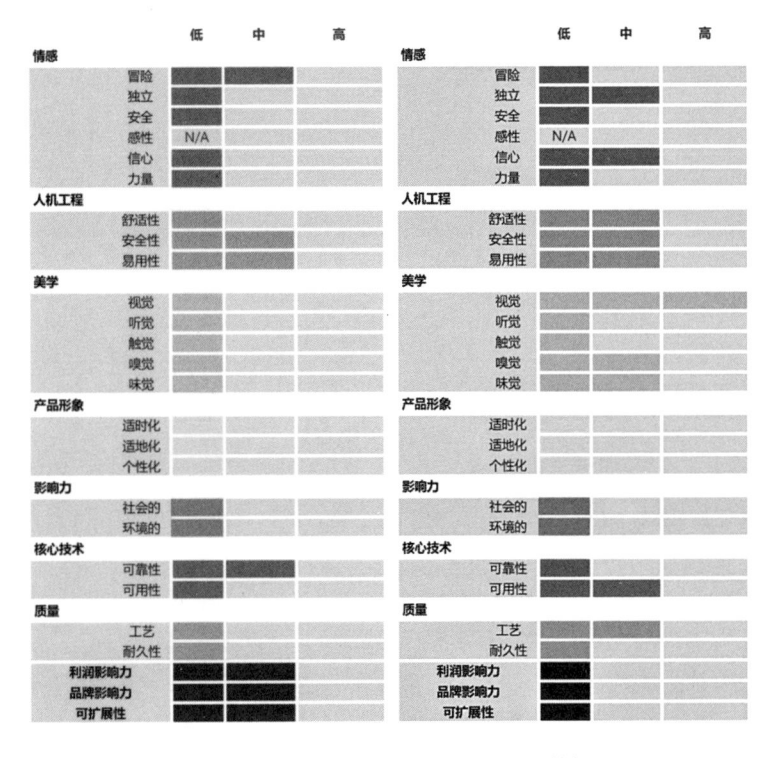

样本一　　　　　　　　　　　　　样本二

图 35　测评样本的价值机会分析对比

表 9　测试样本有差异的属性及原因

价值机会	存在差异的价值机会属性	差异描述
情感	冒险	样本一提供了更多的功能，鼓励用户尝试
	独立	样本二的触控界面信息传达更准确，便于用户理解
	信心	样本二的触控界面信息传达更准确，增强了用户的自信
人机工程	舒适性	样本一把手较细，握持感不佳，且触控界面中用户的视觉信息负荷较重
	易用性	样本二的触控界面信息传达更准确，更符合用户认知，但在物理界面中，样本一的操作指示性更佳，例如电饭煲上盖的拆卸
美学	视觉	样本二圆角较大，比例更加协调，镀铬件提升了产品的品质感
	嗅觉	样本一加热过程中散发有塑料味，而样本二散发出米饭的香味
	味觉	样本二采用球形厚釜内胆，受热更均匀，米饭口感更佳
产品形象	个性化	样本一的操作按键较多，时尚感较弱，显得比较平庸
核心技术	可靠性	样本一结构较为传统，更易长时间保持较高的性能
	可用性	样本二的触控界面信息传达更准确，操作效率较高
质量	工艺	样本二有着良好的 CMF 设计，做工精致

第三章　产品设计中用户认知模式构建　103

此外，利润影响力、品牌影响力和可扩展性的差异主要与样本的所属品牌、品牌产品线以及品牌形象有关。

2. 界面可用性测试

（1）实验内容与过程

本次测试招募与测试样本相符之处是，以刚刚走上工作岗位的 8 位独居青年为目标用户，用户中男女比例基本均衡，年龄均在 23～25 岁，基本都有过使用电饭煲的经历，品牌选择主要为美的和苏泊尔，产品界面基本信息如表 10 所示。

测试中主要针对目标用户群最常使用的煮饭、煮粥、煲汤、预约等功能，分别测试用户对样本一、样本二进行智能电饭煲操作界面的有效性、效率和用户满意度等方面的可用性测试。8 名用户将按照实验要求完成相应的任务，如表 11 所示，任务中同步

表 10　两款产品界面基本信息比较

样本编号	产品操作界面图示	适用人数	产品功能	色彩	界面情况
样本一		1-2	柴火饭、精华饭、快速饭、稀饭、煮粥、养生汤、热饭、蒸煮、宝宝粥、酸奶、预约、保温/取消等	黑	触摸控制顶部操作
样本二		1-2	煮饭、稀饭、煮粥、养生汤、蒸煮、宝宝粥、保温/取消、预约、定时等	黑	触摸控制顶部操作

表 11　样本一、样本二智能电饭煲可用性测试任务

样本一任务编号	样本二任务编号	任务内容
任务 1-1	任务 2-1	您已经将米淘好，水位放置正确，电饭煲上盖关闭。请您完成煮饭的操作
任务 1-2	任务 2-2	您已经将米淘好，水位放置正确，电饭煲上盖关闭。请您完成煮粥的操作
任务 1-3	任务 2-3	您已经将菜洗净，水位放置正确，电饭煲上盖关闭。请您完成煲汤的操作
任务 1-4	任务 2-4	您已经将米淘好，水位放置正确，电饭煲上盖关闭。请您完成预约煮饭的操作，要求 9 小时后，米饭煮好
任务 1-5	任务 2-5	您已经将米淘好，水位放置正确，电饭煲上盖关闭。请您完成预约煮粥的操作，要求 8 小时后，粥煮好

使用观察法和出声思考法。任务结束后，用户按照真实体验感受填写后测问卷。本部分实验采用的实验装置包括计时器一只，用于在测试过程中进行静默计时；摄像机一部，用于记录测试用户操作的完整过程。

本次测试主要评价指标包括任务完成率、任务的操作完成时间、用户评价。

任务完成率：在每一个操作任务中，典型任务操作成功的测试用户所占的比例。

任务的操作完成时间：测试用户从电饭煲上盖关闭开始操作，到任务完成的各典型任务过程中所用的时间。用户操作失败的任务时间不纳入统计范围。

用户评价：针对测试过程中的问题，从任务难易程度（有效性）、效率、满意度评价等维度对用户进行访谈，完成满意度评价。

（2）测试结果分析

A. 样本一测试结果分析

任务完成率：如表 12 所示，样本一的任务完成率都是 100%。

表 12 样本一测试完成率统计表

任务编号	P1	P2	P3	P4	P5	P6	P7	P8
任务 1-1	100%	100%	100%	100%	100%	100%	100%	100%
任务 1-2	100%	100%	100%	100%	100%	100%	100%	100%
任务 1-3	100%	100%	100%	100%	100%	100%	100%	100%
任务 1-4	100%	100%	100%	100%	100%	100%	100%	100%
任务 1-5	100%	100%	100%	100%	100%	100%	100%	100%

表 13 样本一任务时间汇总表

任务编号	P1	P2	P3	P4	P5	P6	P7	P8	平均
任务 1-1	18s	20s	3s	51s	7s	6s	19s	25s	18.63s
任务 1-2	5s	13s	3s	9s	6s	3s	4s	4s	5.88s
任务 1-3	12s	8s	5s	9s	9s	4s	5s	5s	7.13s
任务 1-4	39s	53s	46s	83s	68s	16s	51s	125s	60.13s
任务 1-5	34s	50s	20s	81s	14s	17s	15s	16s	30.88s

任务完成时间：分别用 P1 ~ P8 代表用户，记录下用户执行任务的用时，计算出任务的平均用时。测试用时统计如表 13 所示。

其中，样本一任务 1-1 用时相对不均，说明部分用户可以较快找到相应任务位置，而通过观察部分用户面对电饭煲的煮饭功能的操作界面，在选择柴火饭、精华饭、快速饭按键时，需要时间思考和反应。

任务 1-2 和 1-3 中用时相对平均，因为任务 1-2 和 1-3 操作流程与任务 1-1 大体一致。

任务 1-4、任务 1-5，由于操作步骤较多，且部分用户因不熟悉产品的正确操作步骤，用时出现不均现象。其中，在执行任

表 14　样本二测试完成率统计表

任务编号	P1	P2	P3	P4	P5	P6	P7	P8
任务 2-1	100%	100%	100%	100%	100%	100%	100%	100%
任务 2-2	100%	100%	100%	100%	100%	100%	100%	100%
任务 2-3	100%	100%	100%	100%	100%	100%	100%	100%
任务 2-4	100%	100%	100%	0	0	100%	100%	100%
任务 2-5	100%	100%	100%	100%	100%	100%	100%	100%

表 15　样本二任务时间汇总表

任务编号	P1	P2	P3	P4	P5	P6	P7	P8	平均
任务 2-1	5s	7s	9s	4s	16s	11s	3s	3s	7.25s
任务 2-2	7s	6s	22s	5s	8s	5s	3s	13s	8.63s
任务 2-3	18s	11s	9s	6s	11s	8s	4s	7s	9.25s
任务 2-4	25s	22s	36s	29s（失败）	38s（失败）	19s	22s	19s	26.25s
任务 2-5	34s	23s	15s	81s	20s	19s	29s	21s	30.25s

务 1-4 时，P8 在执行预约煮饭任务时，时间设定出现误差，于是重新进行了时间设定，从而操作时间过长。

而在执行任务 1-5 时，P4 用时过长的原因是发现长按预约按钮可以快速设定时间，手指没把握好松手时间，时间无法减去，于是重新设定时间任务，从而耽误了时间。

B. 样本二测试结果分析

任务完成率：如表 14 所示，样本二的任务 2-1、任务 2-2、任务 2-3、任务 2-5 的完成率都是 100%，但任务 2-4 的完成率为 75%。

任务完成时间：分别用 P1 ~ P8 代表用户，记录下用户执行任务的用时，计算出任务的平均用时，测试用时统计如表 15 所示。

表 16 样本一与样本二的各项操作任务完成时间平均值对比

样本一任务编号	样本一平均时间	样本二任务编号	样本二平均时间
任务 1-1	18.63s	任务 2-1	7.25s
任务 1-2	5.88s	任务 2-2	8.63s
任务 1-3	7.13s	任务 2-3	9.25s
任务 1-4	60.13s	任务 2-4	26.25s
任务 1-5	30.88s	任务 2-5	30.25s

其中任务 2-1 用时平均为 7.25s，完成用时相对不均，说明用户在接触到任务时的思考和反应时长有所不同。

任务 2-2 和任务 2-3 中用时相对平均，因为任务 2-2 和任务 2-3 操作流程与任务 2-1 大体一致，用户在完成任务 2-1 后较为熟悉任务完成的操作规则，操作用时相对减少。

在完成任务 2-4 时，虽然操作步骤相对复杂，但用时相对平均，其中 P4、P5 在执行任务 2-4 时，出现操作失败，且失败原因一致，即用户在设定预约时间时，由于对预约/定时按键的语义理解出现偏差，从而导致本该按住预约按钮进行时间设定，却按住定时按钮进行时间设定。

执行任务 2-5 时，用时相对平均，且未出现任务失败。

（3）样本对比分析

样本一、样本二测试结果对比分析：本次测试中，整体来看，8 位用户在完成样本一和样本二的智能电饭煲操作任务中，样本二的用户完成任务时间普遍较短，但其中任务 1-2、任务 2-1、任务 1-3、任务 2-3 中用户完成样本一的时间较短，但差别不明显，如表 16 所示。

（4）测试中的用户观察与出声思考

在本次测试中综合观察法和出声思考法发现较差体验的方面主要为：

用户对样本一任务 1-1 的操作界面中的快捷键"精华饭、柴火饭、快速饭"的语义理解具有一定难度，所以操作中部分用户出现犹豫不定的情况，在完成任务中的操作步骤时会选择从界面的功能列表中一项项查看再进行操作，完成操作步骤。

用户在进行任务 1-4、任务 1-5 时，样本一的预约操作中可通过长按预约键快进时间，但部分用户因掌握不好力度，导致无法往回调整时间。

用户在操作样本二时，按键激活后文字上方才会出现闪动图标，即只有点选文字才会有信息反馈，点选图标时无反应。

用户在完成任务 2-4、任务 2-5 时，用户对预约和定时的按键语义区分度不大，因此出现操作失误。

预约功能中两个样本产品都提供了时间增加的"+"号键操作功能键，但只有样本二提供了"-"号键，但用户在完成相应任务时并没有使用。

（5）用户后测问题及汇总

本次测试对用户完成相应的指定任务后，分别对样本一和样

表 17　样本一后测评价

有效性	对于样本一，半数以上用户认为不能很快找到相应的位置并完成任务，说明样本一的操作按键功能表达不太完整，部分功能实现步骤还可以进行简化
效率	通过任务的测试，绝大多数用户认为操作不太便捷，尤其是用户对按键语义理解易产生歧义，感到困惑
满意度	大部分用户认为在产品使用过程中遇到了困难，操作不理想。其中 80% 的用户对预约功能中如何调整时间的操作无法快速且正确理解，用户满意度较低

表 18　样本二后测评价

有效性	对于样本二，大多数用户能够很快找到相应的按键并完成任务，说明功能表达较为完整、大部分功能实现步骤简便
效率	通过任务测试，用户普遍认为操作较为便捷、高效，但用户对样本二中的预约、定时功能按键语义理解产生歧义，感到困惑
满意度	大部分用户认为样本二中除了预约功能不理想，其他功能操作的满意度较高

表 19　样本一、样本二的整体满意度、操作界面的合理性、操作便利程度评价对比

问题	样本一平均值（分）	样本二平均值（分）
整体满意度	−0.38	1.38
操作界面的合理性	−0.75	0.25
操作便利程度	0.25	2.125

本二的产品功能操作界面使用情况进行问卷测评。

样本一后测情况：从测试结果可以看出，用户对样本一操作界面的总体满意度平均数在 0 分以下，说明用户对样本一的可用性评价较低。如表 17 所示。

样本二后测情况：从测试结果可以看出，用户对样本二的操作界面的整体满意度平均数都在 1 分以上，说明用户对样本二的可用性评价达到了较高水平。如表 18 所示。

样本一和样本二的后测结果对比总结：对两个样本的后测数据进行对比可以发现，两款产品中，用户对样本二的满意度较高，操作界面的合理性较高，操作便利程度较高，大部分用户认为样本二操作步骤简单、高效，能够较为轻松地完成相应任务，如表 19 所示。但对两件产品操作界面的预约（定时）功能的使用均给用户带来困扰，如表 20 所示，用户普遍希望相关产品在预约、定

表 20　用户对样本一、样本二的产品操作界面使用中困惑的问题对比

问题 4	样本一	样本二
P1	预约功能不曾使用	预约功能不曾使用
P2	按键描述有歧义；预约功能不曾使用	按键描述有歧义；模式选择
P3	/	不熟悉按钮
P4	预约功能不曾使用	预约不会调节时间
P5	预约不会调节时间	/
P6	模式选择	/
P7	/	/
P8	煮饭模式选择	预约不会调节时间

表 21　用户对样本一、样本二的产品操作界面的设计改进意见对比

意见描述	样本二	样本二
P1	放大预约按键的图标	扩大指纹识别区域
P2	需要完善预约功能	需要完善预约功能
P3	产品语义表达应加清晰	产品语义表达应加清晰
P4	按键显示不清晰，干扰项多	/
P5	预约时间的间隔可适当延长	预约时间的间隔可适当延长
P6	预约时间的间隔可适当延长	预约时间的间隔可适当延长
P7	预约功能较为麻烦	按键无法连击，预约麻烦
P8	标识应更加清晰	标识应更加清晰

时功能操作界面做出改进，如表 21 所示。

3. 感知与表征测评

（1）实验内容与过程

邀请 16 位被试（男性 8 位，女性 8 位，均具有产品造型设计

表22　感性词汇筛选

编号	感性词汇对	编号	感性词汇对
01	高档的 – 质朴的	05	简单的 – 复杂的
02	圆滑的 – 硬朗的	06	厚重的 – 轻便的
03	智能的 – 机械的	07	平凡的 – 张扬的
04	传统的 – 时尚的	08	不喜欢的 – 喜欢的

表23　测试样本感性评价平均值

编号	词汇01	词汇02	词汇03	词汇04	词汇05	词汇06	词汇07	词汇08
样本一	4.25	4.50	3.88	3.94	4.44	4.13	2.94	3.50
样本二	3.94	3.31	3.44	4.31	3.56	3.75	3.63	4.57

经验）进行感性意象评价，要求被试根据对样本的直观感觉，给出每一对感性词汇的评分。问卷发放16份，回收16份，均为有效问卷。经统计，测试样本感性评价平均值如表23所示。

（2）确定感性词汇

通过查阅杂志、广告、相关论文和网站等多种途径收集适合描述智能电饭煲造型意象的感性词汇，共收集了109个感性词汇。利用主观评价剔除同义、近义或不常用的词汇，并列出保留词汇的反义词，整理得到20对词汇。为进一步挑选出适合的词汇，对这20对词汇展开问卷调查，最终确定了用于表达智能电饭煲感性意象的7对词汇，加上1对表达偏好的词汇"不喜欢的 – 喜欢的"，共计8对词汇，见表22。

（3）建立感性意象空间

通过李克特（Likert）量表量化被试的感知，进行心理感受的测定，然后运用统计学方法分析数据，获取感知规律。运用语义

图 36　样本一的语义量表示例

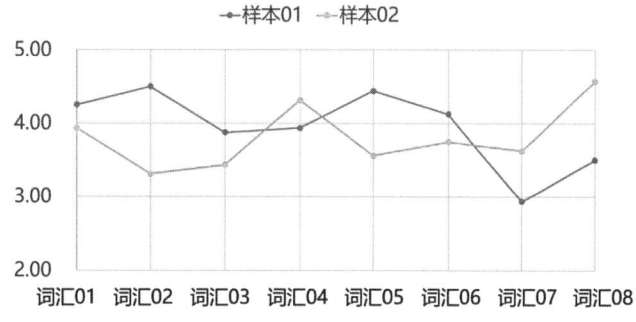

图 37　测试样本的感性评价平均值折线图

差异法（SD 法）将两款测评样本分别与 8 对感性词汇建立如图 36 所示的 7 级语义量表，组合成调查问卷。

（4）数据分析

折线图：依据上表，以词汇对 01 到词汇 08 为横坐标，感性评价平均值为纵坐标，绘制两个测试样本的折线图，得到图 37。

语义量表的评分为 1～7 分，4 分为评价等级的中间值。由图可见，两个测试样本在词汇对 01、词汇对 02、词汇对 04、词汇对 05、词汇对 06 和词汇对 08 上表现出了相反的属性。样本一趋向于质朴的、硬朗的、传统的、复杂的、轻便的，用户偏好为不喜欢。对样本一的造型展开分析，不难发现，其数控界面按键较多，机械感较强，显得较为质朴、传统和复杂；过渡圆角较小，比例较为修长，使产品显得硬朗、轻便。样本二趋向于高档的、圆滑的、现代的、简洁的、厚重的，用户偏好为喜欢。样本二的数控界面在不通电的情况下，功能区域不显示，显得比较简洁；镀铬件以细线条装饰在按键和煲身四周，比例恰当，显得高档、现代；整体比例较为矮胖，使产品看起来比较厚重。

配对样本 T 检验：为了更好地比较两款测试样本，对两组原始数据进行了配对样本 T 检验，结果如表 24 所示。

表中，词汇对 02 和词汇对 07 的 p 值小于 0.05，说明样本一和样本二在圆滑的—硬朗的、平凡的—张扬的这两组词汇中存在显著差异，其余词汇的差异不显著。样本一过渡圆角较小，而样本二圆角较大，构成两者在外观上的显著差别，因此反映为圆滑

表 24　配对样本 T 检验结果

		成对差分					t	df	Sig.（双侧）
		均值	标准差	均值的标准误	差分的 95% 置信区间				
					下限	上限			
词汇对 1	VAR00001 – VAR00009	0.31250	2.05649	0.51412	−0.78333	1.40833	0.608	15	0.552
词汇对 2	VAR00002 – VAR00010	1.18750	2.19754	0.54938	0.01652	2.35848	2.162	15	0.047
词汇对 3	VAR00003 – VAR00011	0.43750	2.12818	0.53205	−0.69653	1.57153	0.822	15	0.424
词汇对 4	VAR00004 – VAR00012	−0.37500	1.82117	0.45529	−1.34543	0.59543	−0.824	15	0.423
词汇对 5	VAR00005 – VAR00013	0.87500	2.21736	0.55434	−0.30655	2.05655	1.578	15	0.135
词汇对 6	VAR00006 – VAR00014	0.37500	1.70783	0.42696	−0.53504	1.28504	0.878	15	0.394
词汇对 7	VAR00007 – VAR00015	−0.68750	1.19548	0.29887	−1.32453	−0.05047	−2.300	15	0.036
词汇对 8	VAR00008 – VAR00016	−1.07143	1.89997	0.50779	−2.16844	0.02558	−2.110	13	0.055

的—硬朗的词汇对上的差异。此外，样本一和样本二的造型、整体比例并未脱离电饭煲的基本形式，没有过于复杂的装饰，个性化元素较少，因此均趋向于平凡的，但两者比较起来，还是存在显著差别的，样本二比样本一更具识别特征。

相关性分析：将样本数据合并，对感性词汇间的相关性展开分析，得到表 25。

就偏好而言，用户的感受与高档的—质朴的、圆滑的—硬朗的这两组感性词汇相关，均呈现负相关，即高档的、圆滑的产品往往更容易得到用户的青睐。感性词汇之间也同样存在一定的相关性，如圆滑的—硬朗的和智能的—机械的呈现正相关，简单的—复杂的与圆滑的—硬朗的、智能的—机械的呈现正相关，平凡的—张扬的与传统的—时尚的呈现正相关。

表25 相关性分析结果

		VAR 0001	VAR 0002	VAR 0003	VAR 0004	VAR 0005	VAR 0006	VAR 0007	VAR 0008
VAR 0001	Pearson 相关性	1	0.432*	0.374*	−0.267	0.202	−0.072	−0.075	−0.533**
	显著性（双侧）		0.014	0.035	0.140	0.268	0.697	0.685	0.003
	N	32	32	32	32	32	32	32	28
VAR 0002	Pearson 相关性	0.432*	1	0.653**	−0.154	0.592**	−0.210	−0.156	−0.466*
	显著性（双侧）	0.014		0	0.399	0	0.248	0.393	0.012
	N	32	32	32	32	32	32	32	28
VAR 0003	Pearson 相关性	0.374*	0.653**	1	−0.129	0.610**	0.007	0.055	−0.235
	显著性（双侧）	0.035	0		0.482	0	0.970	0.763	0.229
	N	32	32	32	32	32	32	32	28
VAR 0004	Pearson 相关性	−0.267	−0.154	−0.129	1	0.015	0.229	0.616**	0.286
	显著性（双侧）	0.140	0.399	0.482		0.937	0.207	0	0.141
	N	32	32	32	32	32	32	32	28
VAR 0005	Pearson 相关性	0.202	0.592**	0.610**	0.015	1	0.019	−0.015	−0.169
	显著性（双侧）	0.268	0	0	0.937		0.918	0.933	0.390
	N	32	32	32	32	32	32	32	28
VAR 0006	Pearson 相关性	−0.072	−0.210	0.007	0.229	0.019	1	0.272	−0.020
	显著性（双侧）	0.697	0.248	0.970	0.207	0.918		0.133	0.920
	N	32	32	32	32	32	32	32	28
VAR 0007	Pearson 相关性	−0.075	−0.156	0.055	0.616**	−0.015	0.272	1	0.304
	显著性（双侧）	0.685	0.393	0.763	0	0.933	0.133		0.116
	N	32	32	32	32	32	32	32	28
VAR 0008	Pearson 相关性	−0.533**	−0.466*	−0.235	0.286	−0.169	−0.020	0.304	1
	显著性（双侧）	0.003	0.012	0.229	0.141	0.390	0.920	0.116	
	N	28	28	28	28	28	28	28	28

*. 在 0.05 水平（双侧）上显著相关。
**. 在 0.01 水平（双侧）上显著相关。

本章小结

　　本章第一节从内部、外部两个方面，分 6 个因素，分析了影响产品设计用户认知因素的构成及其在用户认知中的作用。第二节在原有用户认知过程研究的基础上，结合实践与观察细分了"触发""筛选"两个用户认知过程，提出了"触发—获取—筛选—加工—输出"用户认知过程模式，并解析了各个过程在用户认知中的作用及其相互关系。第三节分析了用户认知层级要素，并解析了"目标"与"任务"构成的宏观层级关系、"任务"与"信息/行为流"构成的中观层级关系和"信息/行为流"与"信息触点"构成的微观层级关系，构建了"目标—任务—信息/行为流—信息触点"用户认知的层级模式。第四节提出了产品设计中用户认知满意度测评的基本策略，分析了各用户认知层级关系的测评内容，阐述了测评数据获取与分析的方法，并通过案例，运用典型测评方法，对三个层级关系中的用户认知主要内容进行了测评。通过研究，分析了影响产品设计用户认知因素，构建了用户认知过程模式和用户认知层级模式，并明晰了用户认知满意度测评的内容与方法，进一步丰富和完善了产品设计中用户认知模式研究的理论。

第四章　产品设计中设计认知模式构建

基于用户认知的产品设计认知过程模式的构建，其目的是从用户认知模式出发，通过阐释设计认知过程模式的内涵及原则，明确设计认知中的变量要素，构建各变量要素间的结构关系，规划产品设计认知活动过程，以指导设计创新实践，解决设计问题，创造出高品质的设计方案。

第一节　产品设计认知模式的内涵

产品设计是产品制造过程中产品价值定义的核心，也是最富有创造性的活动，在产品设计过程中，设计师的认知活动质量和效率直接决定了设计创新的质量和效率。从解题理论的角度看，产品设计是问题发现和问题"求解"的过程；从信息加工的角度看，产品设计是将用户需要和需要的信息转化为产品系统映像的创新过程；从知识转化的角度看，产品设计是现有知识在设计意图驱动下与产品目标连接产生的新知识。无论是从哪个角度看，产品设计过程中都包含了大量的认知活动。产品设计认知研究对于解析设计思维过程，建立与用户认知模式相匹配的产品设计认知过程模式，科学调控设计创新过程，提升产品设计质量与效率，优化产品设计程序和管理，完善设计师知识结构，以及促进计算机辅助设计技术和人工智能技术在设计领域的应用等各方面均具有重要的研究价值和现实意义。在美国认知心理学家西蒙（Simon）提出设计是"问题求解"的过程后，不同学科背景的学者主要从"问题"和"求解"两个维度展开了产品设计认知模式研究。

一、从"问题"出发的产品设计认知模式研究

从"问题"出发的产品设计认知模式研究，其研究重点是以产品设计认知过程中需要解决的问题类别为要素，并将离散的设计问题结构化、系统化，以明确产品设计认知中需要解决的问题及其逻辑关系。其中较为典型的模式包括 20 世纪 90 年代麻省理工学院教授苏赫

（Nam P.Suh）在其著作 The Principles of Design[①] 中提出的公理化设计理论（axiomatic design，AD），并建构了"用户域—功能域—载体域—过程域"设计认知模式，如图 38 所示。2004 年，悉尼大学教授格罗（Gero）提出了"功能—行为—结构（function—behavior—structure，FBS）"设计认知模式，如图 39 所示。[②] 公理化设计认知模式和 FBS 设计认知模式为本次产品设计认知模式研究中的"问题"模式研究提供了重要参考。

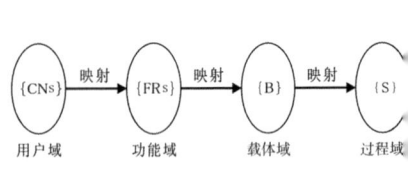

图 38　公理化设计过程模式

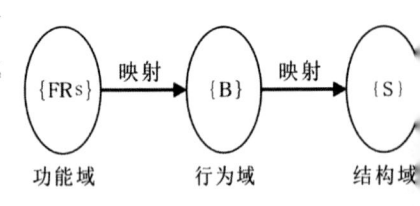

图 39　FBS 设计认知模式

二、从"求解"出发的产品设计认知模式研究

从"求解"出发的产品设计认知模式研究，其研究重点是解析产品设计过程中创造性问题"求解"的思维过程，以解决产品创新过程中问题界定、新颖性、非常规性、持续性等困难。[③] 其中较为典型的模式包括 20 世纪 60 年代英国开放大学教授琼斯（Jones）从设计外显行为出发提出的"分析—综合—评估"模式，如图 40 所示，强调设计认知的逻辑和系统化思考和设计认知的循环性特征。[④] 20 世纪 80 年代，哈佛大学教授蔡塞尔（Zeisel）从设计行为研究深入设计认知的内在心理活动中，将设计认知过程分为想象、外显和验证三个基本单元，三个单元呈螺旋形推进，如图 41 所示，直到获得可接受的符合问题目标状态要求的设计

[①] Suh N P. The Principles of Design[M]. New York:Oxford university press,1990.
[②] Gero J S, Kannengiesser U. The situated function-behavior-structure framework. Design studies, 2004, 25（4）：373-391.
[③] Liu Y T. Creativity or novelty？[J]. Design studies，2000，21（3）：261-276.
[④] Jones J C.A method of systematic design[C]//Jones J C，Thornley D G.Conference on Design Methods.Oxford：Pergamon Press，1963：53-73.

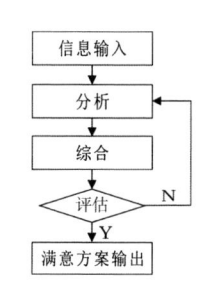

图40　循环型设计认知过程

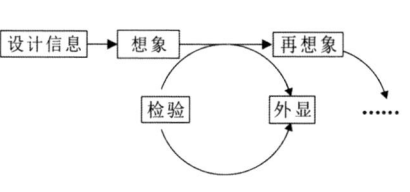

图41　螺旋形设计认知过程

方案。⑤ 上述研究成果为本次产品设计认知模式研究中的"求解"模式研究提供了重要参考。

虽然产品设计认知模式的研究还处在探索阶段，但研究脉络已经逐步清晰，诸多学者构建的设计认知模式呈现出以下共性特征：首先，明确了设计认知过程是由多个相互关联的问题模块和认知过程模块构成的系统；其次，设计认知过程是非线性的，设计认知过程存在跳转和循环；最后，当设计认知结果未能达成问题解决目标状态时，需要回溯到先前的设计认知模块。从现有文献看，从"问题"出发的产品设计认知模式研究着眼于探索设计认知的问题发现与定义，强调设计认知研究问题内容的创新；从"求解"出发的产品认知模式研究着眼于优化设计认知的"求解"程序与方法，强调设计认知"求解"方案的创新。以上研究成果为本次研究提供了坚实的理论基础，但单纯从"问题"或"求解"视角的设计认知模式研究尚不能很好地指导产品设计创新实践，以用户认知为导向，将"问题"和"求解"进行集成研究的探索还较少，这也是本次产品设计中设计认知研究中需要解决的重点问题。

---

⑤ Zeisel J.Inquiry by design：tools for environment-behavior research[M].Monterey，CA：Brooks/Cole Publishing Co，1981.

第二节　基于用户认知的产品设计认知中的"问题"

一、基于用户认知的产品设计认知问题域

产品设计认知中问题众多，在"问题"研究中一般以"域"作为不同设计问题的界限线，对设计问题进行分类和定义。[①] 产品设计认知的目的是设计出用户满意的产品，最终具体的输出物是产品的系统映像方案。

公理化和 FBS 设计认知模式对问题域的界定虽然为设计认知问题研究提供了重要参考，但也存在一定不足。首先，两个模式的终端问题域分别为"过程域"和"结构域"，其问题域定义的与产品设计认知的终端问题输出目标，即产品系统映像生成，尚存在一定差距；其次，在问题域的界定中对于用户认知因素的考虑较少，未能很好地体现用户中心原则；再次，问题域定义偏向功能导向的产品使用性问题，对于产品设计中的非使用性问题，如审美、情感、文化等未见明确界定；最后，问题域中问题类型的界定，需要进行进一步的细分才能指导设计实践。

从以用户为中心的产品设计认知模式看，产品设计认知是自上而下的认知过程，在现有设计认知问题要素研究的基础上，从用户认知产品的层级模式特征出发，以产品设计认知问题按用户需求抽象概括到产品系统映像详细描述为线索，与用户认知层级中的目标层、任务层、行为层、触点层相对应，将基于用户认知的产品设计认知问题分解为用户域（user）、功能域（function）、交互域（interactive）、表征域（characterization）四个问题域，其中用户域为开端问题域，表征域是终端问题域，功能域和交互域是通过对开端问题域的分解与转换并生成终端问题域的中间问题域，如表 26 所示。

用户域是为明确用户、场景、需求属性设定的问题域。其对应用户认知层级模式的目标层级，是产品设计认知中从用户需要出发，描述满足用户需要的产品概念属性的问题域。一方面，用户域是定义其他问题域的域；另一方面，其他域的解题过程中生成的解决方案，也可能对用户域进行修订或调整。

[①] Suh N P. Axiomatic Design:Advances and Applications[M].New York:Oxford university press,2001.

表 26　基于用户认知的产品设计认知问题域定义

问题域名称	定义	问题域类型
用户域（U）	为明确用户、需求、场景属性设定的问题域	开端问题域
功能域（F）	为明确产品功能和技术属性设定的问题域	中间问题域
交互域（I）	为明确产品行为流和信息流属性设定的问题域	中间问题域
表征域（C）	为明确产品感知觉和语义属性设定的问题域	终端问题域

功能域是为明确产品功能和技术属性设定的问题域。其对应用户认知模式中的任务层级，功能域是产品设计认知过程中对于用户域的细化，其在用户域的定义和约束下，生成满足产品价值要求的产品功能，并讨论功能的可行性，筛选出产品功能定义和技术属性，以实现产品价值，达成用户需要。功能域的定义约束了交互域和表征域，同时当挖掘的产品功能能够产生产品价值峰值，大幅度提升原有或新的用户需要体验时，将会出现功能域突破原有用户域定义，修订用户域的现象。

交互域是为明确产品行为流和信息流属性设定的问题域。其对应用户认知层级模式中的行为层级，在用户域和功能域的定义和约束下，它是产品功能实现与产品系统映像之间的连接，一方面以用户行为流为线索，是对于用户达成产品功能的使用方式和行为动作的定义与设计；另一方面以用户信息流为线索，定义和设计产品包含的信息内容和信息架构。其在保障产品功能达成的前提下，通过提升产品的可用性和满意度来创设产品价值。交互域定义与约束表征域，同时对用户域和功能域进行修订和完善。

表征域是为明确产品感知觉和语义属性设定的问题域。其对应用户认知模式中的触点层级，表征域是产品设计认知过程中主要输出结果，在其他域的定义和约束下，定义使用性和非使用性系统映像并综合生成产品的多个系统映像方案，通过综合设计评价，最终生成产品设计认知的满意解，即确定最终的产品设计方案。其他问题域定义和约束了表征域，表征域同时也对其他问题域进行修订和完善。

二、基于用户认知的产品设计认知问题模式

从"问题"出发的公理化和 FBS 设计认知模式将各问题域关系描述为单向映射关系，虽然表述了设计问题间的基本结构关系，但是也存在着一定的缺陷。首先，这两个模式都假设了设计认知过程中前置问题域对后置问题域而言是明确的，且恒定不变，这在产品设计实践中是难以做到的，同时也无法体现设计问题的"病态问题"特征，即设计问题存在的模糊性和不确定性、开放性特征。其次，这两个模式均为单向线程模式，而在设计实践中，会出现如在前置域问题约束下，设计师后置域未能生成满意的问题解决方案等现象；抑或后置域生成的问题解决方案具有良好的产品价值，但并不在前置域的定义范围内等现象。产品设计实践在上述现象中，多采用校验前置域的方式来继续设计认知过程，但在公理化和 FBS 设计认知模式中均未明确表述。

针对上述问题，结合产品设计实践中存在的问题域特征，在基于用户认知的产品设计认知问题用户域（user）、功能域（function）、交互域（interactive）、表征域（characterization）界定的基础上，可以用图 42 描述基于用户认知的产品设计认知问题域模式，简称 UFIC 模式。

问题域间的相互关系可分为三种类型：第一类为交织型，是

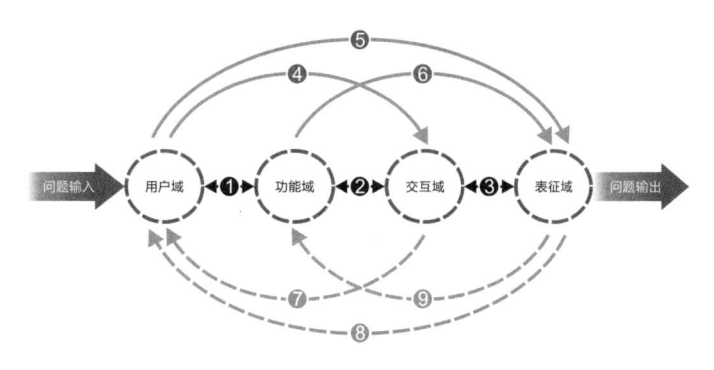

图 42　产品设计认知问题模式示意图

相邻问题域间，前置问题域定义与约束后置问题域，同时后置问题域校验与调节前置问题域，前置域中的生成性问题与后置域中的分析性问题交织在一起；第二类为约束型，是不相邻问题域间，前置问题域对后置问题域的定义与约束；第三类为调节型，是不相邻问题域间，后置问题域对前置问题域的校验与调节。具体内容如表 27 所示，表中序号与图 42 相对应。

表 27　产品设计认知问题域的相互关系描述

序号	相关问题域	描述	问题域关系类型
1	用户域—功能域	用户域定义和约束功能域，功能域校验和调节用户域，用户域中的生成性问题与功能域中的分析性问题交织	交织型
2	功能域—交互域	功能域定义和约束交互域，交互域校验和调节功能域，功能域中的生成性问题与交互域中的分析性问题交织	
3	交互域—表征域	交互域定义和约束功能域，表征域校验和调节用户域，交互域中的生成性问题与表征域中的分析性问题交织	
4	用户域—交互域	用户域定义和约束交互域	约束型
5	用户域—表征域	用户域定义和约束表征域	
6	功能域—表征域	功能域定义和约束表征域	
7	交互域—用户域	交互域校验和调节用户域	调节型
8	表征域—用户域	表征域校验和调节用户域	
9	表征域—功能域	表征域校验和调节功能域	

第四章　产品设计中设计认知模式构建　　123

第三节　基于用户认知的产品设计认知中的"求解"

一、基于用户认知的产品设计认知求解

认知心理学中设计认知"求解"的研究，将基于设计师直觉、灵感的设计创新过程描述转换为设计师的认知思维描述，并认为创新过程是伴随在设计认知过程中的。[1][2] 诸多学者的研究成果为本次研究提供重要借鉴和启迪，如英国开放大学教授琼斯（Jones）从设计外显行为出发，将在设计认知模式中的"求解"要素归纳为分析、综合、评估，哈佛大学教授蔡塞尔（Zeisel）从设计心理活动视角将"求解"要素分为想象、外显和验证等。本次研究中，从认知心理学信息加工理论出发，在现有研究成果的基础上，与设计实践结合，将产品设计认知"求解"过程分为分析、定义、生成和测评。

1. 分析

产品设计认知中的分析（analysis）是通过将复杂的产品设计问题分解和解析，以探求和发现其构成要素、构成逻辑等特征，并揭示其内在本质属性的过程。产品设计问题具有复杂性、内隐性、病态性特征，分析并探究设计问题的内在属性特征、要素及其相互关系是明确设计问题，并展开设计创新的前提。同时，对用户和产品信息的分析也是设计师获取同理心，避免设计中主观臆断的有效手段。

产品设计认知中的分析可分为信息获取、问题探究、问题筛选三个子项。信息获取是通过调研、访谈、观察、实验等方法，尽可能全面地获取用户、产品、场景等方面的信息，了解用户、产品、场景等问题现状，并通过信息可视化等工具对获取的信息进行分类、归纳和整理。问题探究是问题发现的过程，是根据获取的信息，从用户需求满足出发，通过测评对产品设计中存在的不足与缺陷进行发掘，产生分析结果。问题筛选根据用户需求、产品价值

---

[1] Kim M H, Kim Y S, Lee H S. An underlying cognitive aspect of design creativity: limited commitment mode control strategy[J]. Design Studies, 2007, 28 (6): 585–604.
[2] Kim M J, Maher M L. The impact of tangible user interfaces on spatial cognition during collaborative design[J]. Design Studies, 2008, 29 (3): 222–253.

和资源条件等因素的要求，对发现的问题进行比较和筛选，明晰产品设计中需要解决的问题及其相互关系，并确定核心问题。产品设计认知中的分析是对现有知识的获取、探究和筛选的过程，是其他过程生成的基础。

2. 定义

产品设计认知中的定义（definition）是明确产品的相关概念，并与其他产品概念相区别的表述。其界定产品设计的目标特征和价值特征，通过探索设计"求解"方向的可能性，创设设计"求解"的方向，明确内涵和外延，是新旧知识转换的重要环节。

产品设计认知中的定义可分为策略定义、概念定义两个子项，是在设计问题有效定义的基础上，结合企业品牌战略、产品战略、产品生命周期等因素确定产品创新策略的过程。根据产品设计问题类型的差异，设定有针对性的设计创新策略和相应的设计方法，也称为设计定位。其目的是帮助设计师明确设计思路，有效提升问题"求解"的针对性、可行性，提升产品设计绩效。概念定义过程中，首先针对问题定义呈现出的问题和明确的产品创新策略，设计师通过如头脑风暴等创新思维方法，以及如奔驰法（SCAMPER）中替换、整合、调整、修改、其他用途、消除与重组等创新技巧，尽可能多地激发和生成针对设计问题的想法和解决方案的新构想。其次，针对设计师对于产生的诸多感性思维结果进行归纳、提炼和总结，并筛选出产品设计概念，明确用户问题解决的路径、方式和产品价值、功能、交互、系统映像的总体特征和意义。概念定义是将问题定义中的复杂、模糊的感性问题转化为符合策略定义的相对简单、明确的理性问题。如果说产品设计是一篇文章，那么概念定义就是这篇文章的中心思想。产品设计认知中的定义为新知识的生成明确了目的、策略，并描绘了新知识的特征和意义。

3. 生成

产品设计认知中的生成（generation）是按照问题约束关系，产生和发展问题解决方案的过程。在这个过程中创新问题解决方案，达成产品价值以满足用户需求，是产品设计认知过程中"求解"的核心,也是新知识产生的核心环节。

产品设计认知中的生成可分为生成约束、生成方案、生成外显三个子项。生成约束是指在方案生成前,需要明确制约因素及其相互关系,以确定问题解决方案生成的次序,提高设计创新效率,减少返工。虽然常见的产品问题约束次序为用户需求—产品功能—交互方式—形态系统映像,但由于用户需要、产品特质、创新策略等的差异,约束生成的次序关系和内容也存在很大差异。生成方案是产品设计认知的核心环节,是产品设计认知中"求解"的重点。设计师在这个环节通过多轮次的设计创新活动,将定义的产品概念发展为设计方案,按照问题逻辑,不断对设计方案进行细化和优化,使设计方案不断接近各种问题的满意解,并将具体的解决方案整合为完整的产品系统。生成外显是对设计方案的外显性表达过程。在不同的方案生成阶段,设计师会使用草图、效果图、数字模型、原型机、样机等方式,描述和呈现设计方案,用于方案表达、方案推敲、设计交流、方案测评等,并为设计的生产实现和商业化做准备。产品设计认知中的生成产生了新知识的具体内容和样貌。

4. 测评

产品设计认知中的测评(evaluation)是在分析、定义、生成中进行的测量和评价过程,是设计问题理性化以及"求解"结果界定及评判的环节,测评虽然不直接生成新知识,但对于设计师把握解决方案的有效性起到重要的作用,是产品设计认知过程中的重要约束环节。

产品设计认知中的测评分为测量和评价两个子项。测量是设计师在产品设计认知的各个阶段正确选用调查法、访谈法、观察法、实验法等科学方法和工具,对设计研究内容进行度量,为分析、定义、生成提供依据,为产品设计创新提供约束,为设计评价提供评价标准。评价是在"求解"过程的各个阶段,工具用户需要、设计约束、评价标准等对问题解决方案进行判断、校正和决策。评价对于设计师创新成果的判断,帮助设计师不断校正对产品设计创新中的病态问题,明确设计创新方向,并不断将复杂问题进行简化,收敛解决方案维度,使设计创新的解决方案尽快逼近满意解,保障作为探索性认知过程的产品设计创新的效率和品质。需要注意的是,测量与评价方法都存在一定的局限性,在设计实践中需要在分析的基础上,

分析 ❶ 定义 ❷ 生成

图 43 产品设计认知求解的基础关系

正确选用测量和评价的方法，并采用多种测量与评价方法相互印证，才能保证测量与评价的信度。

二、基于用户认知的产品设计认知求解模式

已有的循环型、螺旋形设计认知求解模式为本次研究提供了重要的借鉴，但在模式的结构中以单线程为主，一方面未能很好地反映产品设计认知中对于病态、复杂问题在有限条件下输出满意解的过程特征，另一方面未能很好地反映用户对于产品设计系统中的作用。基于前期研究成果和存在的问题，通过产品设计认知求解过程关系回溯，循环、约束关系的研究，最终导出基于用户认知的产品设计认知求解过程关系。

1. 产品设计认知求解回溯

从认知心理学信息加工理论出发，产品设计认知求解中"分析""定义""生成"可以与"信息输入—信息加工—信息输出"相对应。在人类的早期造物过程中，设计者、制作者和使用者同为人，认知过程也极为简单，但其中已经包含了设计认知过程。在这样的背景下，如果设计问题的分析、定义、生成过程都是正确的，那么就能够生成唯一的满意解。设计主体在产品设计认知过程中主要利用自身积累的知识、丰富的经验、熟练的技能，凭直觉进行设计问题的求解，就能够获得满意解。

通过对产品设计认知求解的回溯，如果将设计问题最简化，将设计、制作和使用主体合并，并在理想状态下生成唯一满意解，可以推论出①②过程关系始终存在，但"测评"过程并没有在设计认知中显性出现，所以可将①②界定为单向、单线步骤产品认

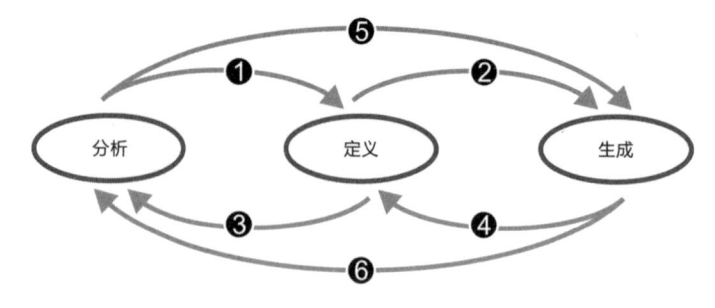

图 44　产品设计认知求解循环关系

知求解的基础过程关系，如图 43 所示。由于产品设计认知"求解"的目的是输出满意解，所以可将"生成"界定为核心过程，以利于更好地理解产品设计认知过程间的基础属性关系和基础逻辑关系。

2. 产品设计认知求解中的循环

单向性和单线性的基础过程关系，虽然逻辑清晰、简洁明了，但由于产品功能、制造技术和生产工艺的不断演进，设计问题的病态性、复杂性特征，设计实践中普遍存在后置过程获取知识后反馈到前置过程中，以校正前期过程中存在的偏差，在这种循环中设计师不断获取新的信息并结合自身的经验、知识、技能等，发现新的问题，产生新的见解。

产品设计认知求解中的循环关系如图 44 所示，图中①②表述了基础关系，与图 43 所示相同；图中①③、②④、⑤⑥是相互对应的两个设计认知过程间的循环，是两个过程相互激发并创新新知识的关系，这样的循环关系还相对简单；当出现三个过程连续多线程循环后，如出现①③⑤④②⑥等循环关系后，过程关系就会变得复杂起来。从理论上说，如果外部条件（如时间、成本等）允许，这种动态复杂的循环关系会一直持续下去，并帮助设计师在设计认知过程中不断激发设计创新。产品设计认知过程中的循环关系有助于拓展设计师的问题空间和设计创新的发散。

3. 基于用户认知测评的产品设计认知求解中的约束

产品设计认知求解过程基础关系与循环关系提供了为设计创新的数量提供了保障，但在实际的设计实践中，产品设计活动均

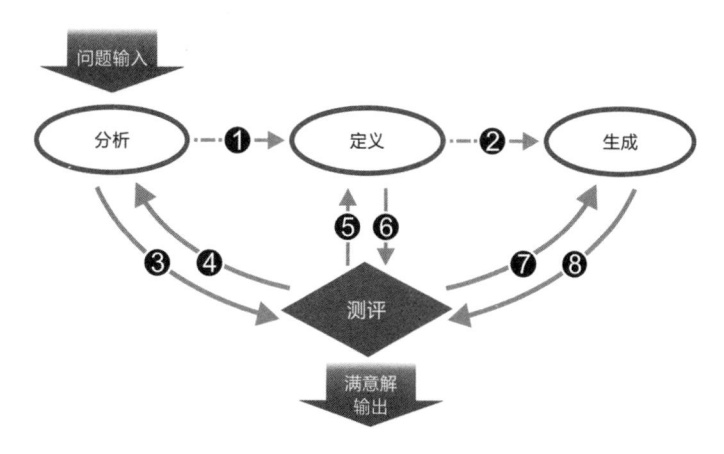

图 45 基于用户认知的产品设计认知求解模式

会有时间、成本等外部条件的限制，不可能一直持续求解过程的循环关系。同时，由于产品设计认知求解的结果只能是一个满意解而非最优解的特征，在基础过程的基础上，需要在产品设计认知求解过程间加入测评过程，测试和评价选择各求解阶段的满意解，以便从循环中跳出，最终输出满意解。

在测评中评价标准的确立是形成合理约束的关键，基于用户认知的产品设计认知求解是从用户视角出发，通过对具体产品的用户认知过程要素、规律和层级等的测量，获取科学、合理评价标准，以便设计师从用户视角出发，对分析、定义和生成过程进行约束。这在确保求解过程的创新性的同时，增强了求解过程的可控性。当产品设计认知过程得出的解通过测评后，则进入下一个设计认知过程；反之，则回到上一个过程中形成循环。当临近如时间等外部条件限制时，一般会在现有解中挑选出相对满意解，并进入下一个设计认知过程。该认知求解模式一方面保留了求解过程中的循环关系，另一方面达成了求解过程中的约束关系。

4. 基于用户认知测评的产品设计认知求解模式导出

基于对产品设计认知求解过程和相互关系的分析，可以用多线程循环、约束的过程关系来描述各求解过程之间的相互关系，如图 45 所示。相邻过程关系如表 28 所示，并称为基于用户认知的产品设计认知求解模式，简称 ADGE 模式。

在基于用户认知的产品设计认知求解模式中，以图 45 中步骤

表28 基于用户认知的产品设计认知求解描述

步骤序号	相关过程	描述
1	分析—定义	分析为定义提供基础和依据，同时对定义产生约束，约束中包括对定义测评结果再次分析后产生的约束
2	定义—生成	定义确定生成的方向，明确设计策略、概念和方向，同时对生成产生约束，约束中包括对生成测评结果再次定义后，或再次分析、定义后产生的约束
3	分析—测评	分解和解析设计问题，筛选测试、评价的方法和工具，并将分析结果输入测评过程
4	测评—分析	测评为分析提供信息获取、梳理和判断的方法和工具，直接参与分析过程；测试分析的品质，通过评价向分析反馈设计认知各阶段的评价结果，约束也是循环
5	测评—定义	将设计认知各阶段测评反馈给定义，为定义提供依据和约束。其中，分析测评反馈给定义为约束，定义与生成测评反馈给定义为循环
6	定义—测评	定义为提供测评的评价标准，并将定义结果输入测评过程
7	测评—生成	将设计认知各阶段测评反馈给生成，为生成提供依据和约束。其中，分析、定义测评反馈给生成为约束，生成测评反馈给生成为循环
8	生成—测评	将生成结果输入测评过程，测评通过后则确定满意解

①②表述认知求解的基础关系，因基础关系在设计实践中不常见，所以图中以虚线表示。步骤③⑥⑧从分析、定义、生成过程中确定和修正测评过程，确保评价标准以用户为中心并符合用户认知规律，并根据求解各过程中发现的新问题、新观点对测评内容和标准进行校正。步骤④⑤⑦中求解过程测试通过，测试结果反馈给后置求解过程即为约束；如果没有通过测评，测试结果反馈给当前过程或前置过程则为循环。在设计实践中根据设计师能力、产品特性、外部限制条件的差异，设计求解过程自然存在较大差异，但就总体而言，在产品认知求解过程中设计师是通过分析、定义、生成中的快速循环，不断产生创新成果和新知识，并通过对各求解过程的测评，不断校正和明确设计求解方向，并不断约束创新成果趋向于满意解。

第四节　基于用户认知的产品设计认知过程模式生成

一、求解视角下的问题域问题分解

前文中已经明确了问题域的定义，同时也明确了求解过程间的相互关系，将两者相对应时可以生成问题域的核心问题，其结构关系如图46所示，各问题域的核心问题定义如表29所示。

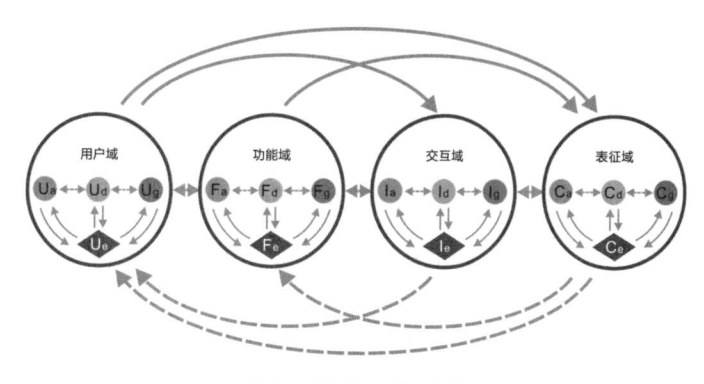

图46　问题域中的核心问题

表29　问题域核心问题定义

	用户域（U）	功能域（F）	交互域（I）	表征域（C）
分析（A）	U_a 什么用户在什么场景中的需要是什么？	F_a 产品价值对应的功能有哪些？	I_a 产品功能对应的信息/行为流如何描述？	C_a 产品系统映像的风格以及倾向如何描述？
定义（D）	U_d 用户的真实需要是什么？	F_d 产品功能如何创设？	I_d 产品信息/行为流如何创设？	C_d 产品系统映像方案如何定义？
生成（G）	U_g 用户需要如何转化为产品价值？	F_g 产品功能方案是什么？	I_g 产品信息/行为流方案是什么？	C_g 产品系统映像的方案是什么？
测评（E）	U_e 用户需要满足的测试与评价	F_e 用户需要满足的测试与评价	I_e 产品信息/行为流方案的测试与评价	C_e 产品系统映像的方案的测试与评价

1. 用户域问题分解

用户域的分析性问题主要为"什么用户在什么场景中的需要是什么"。在这个阶段中，需要设计师收集用户特征和需求资料，并从用户视角出发明确目标用户、使用场景，理解用户需要满足的现状和期望。分析性问题帮助设计师获取同理心，尽量避免设计师先入为主地主观臆断对用户需要分析的干扰。这对于设计经验较弱、用户思维较差的设计师来说尤为重要。用户域的定义性问题主要为"用户的真实需要是什么？"，是设计师在充分理解用户需要现状的基础上，对于用户需要概念的创设和塑造。在很多情况下，用户出于种种因素并不会表达出自己的真实想法，或者不知道自己的真实需要，这就要求设计师一方面能够从表面现象中发掘用户的真实需要，另一方面能够根据行业、科技的新发展创设能够引导用户新需求的概念方案。用户域的生成性问题主要为用户需要如何转化为产品价值。设计师在设定用户需求概念的基础上，对用户需求进行筛选、结构化、优先级排序，并根据现有团队资源、产品规划、品牌战略、商业目标等因素，确定产品核心价值，规划产品价值结构，完成用户需求到产品价值定义的转化，明确设计意图和产品属性。用户域的测评性问题主要是对产品价值方案进行测评，如果测评通过及输出满意解约束其他域的问题求解；反之，则需要返回本问题域的其他问题，以便生成其他产品价值方案，直至测评通过。

2. 功能域问题分解

功能域的分析性问题为"产品价值对应的功能有哪些？"。从用户域定义的用户需求和产品价值出发列举相对应的产品功能。功能域的定义性问题为"对产品功能如何创设？"。探索和描述产品功能的理想状态，并结合新技术、新工艺、新材料等技术条件，创设能够产生新的产品价值或提升原有产品价值的新功能，并提出功能概念方案。功能域的生成性问题为"产品功能的方案是什么？"。在用户域界定下，对设定的产品功能方案结合技术、工艺、成本等因素进行综合评价，并确定产品功能方案。明确产品核心功能和功能模块，明确产品功能的技术要求和技术路线，明确产品功能的结构和空间尺度等物理属性及其约束条件。功能域的测评性问题主要是对功能方案进行测评，如果测评通过及输出满意解，则约束其他域的问题求解；反之，则需要返回本问题域的其他问题，以便生成其他产品功能方案，直至测评通过。

3. 交互域问题分解

交互域的分析性问题是"产品功能对应的信息/行为流如何描述？"。采用行为流程图和信息流程图等工具，调研用户行为及信息加工规则和习惯，分析产品功能约束下的行为、信息的内容、逻辑、结构，挖掘交互设计机会点。交互域的定义性问题是"功能约束下的产品信息/行为流如何创设？"。根据挖掘出的机会点，通过合并、拆分、重构等方式创设新的行为、信息交互方式。交互域的生成性问题是"产品信息/行为流方案是什么？"。结合可用性和满意度度量等方法对交互设计方案进行评价和定义，生成产品交互方案，并导出相应的产品系统映像结构、尺度等物理限制属性。如果产品存在软件界面，则还需用低保真等方式，生成交互界面信息内容和构架方案。交互域的测评性问题主要是对产品信息/行为流方案进行测评，不仅需要测评信息流和行为流各自的科学性和合理性，还需要测评信息流与行为流的匹配。如果测评通过及输出满意解，则约束其他问题域的问题求解；反之，则需要返回本问题域的其他问题，甚至返回前置问题域修订约束，以便生成其他产品价值方案，直至测评通过。

4. 表征域问题分解

表征域的分析性问题主要为"产品系统映像的风格以及倾向如何描述？"。根据其他问题域的约束，将用户需要、产品价值与功能、交互方式，结合产品语义联想、审美取向、品牌形象等方面的因素综合分析，并提出产品使用与非使用系统映像风格的契合点。表征域的定义性问题主要为"产品系统映像概念方案如何定义？"。在分析性问题的基础上提出产品系统映像设计概念方案，定义产品信息的物质和非物质载体和信息触点的各感觉通道的感知属性和信息表达系统映像形式，并通过草图等范式将概念方案外显。表征域的生成性问题主要为"产品系统映像的方案是什么？"。设计师展开产品系统映像的物质构成要素及其呈现

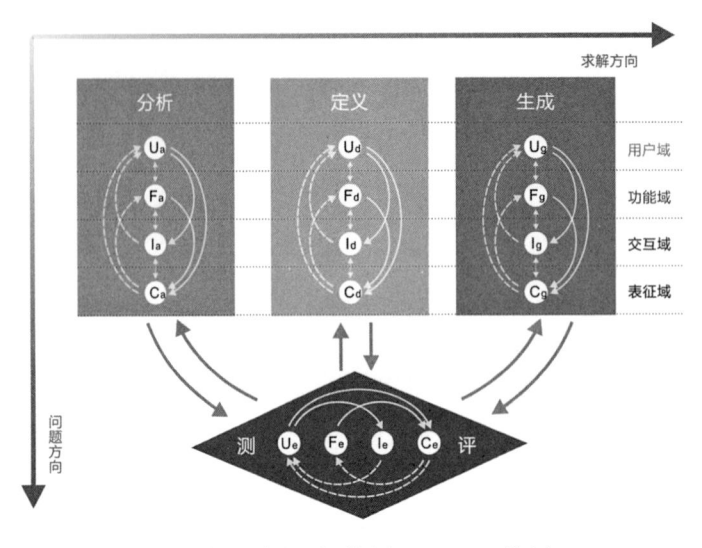

图47 产品设计认知过程模式（UFIC–ADGE 模式）

方式和状态的方案，其不仅包括体块、面、线、点的形态、色彩、材质等的呈现方式和状态，还包括产品交互过程中产品硬界面和软界面动态信息的呈现方式和状态，并通过效果图、数字模型、原型机、样机等方式外显设计方案。表征域的测评性问题主要是对产品功能和非功能系统映像进行测评，不仅需要测评系统映像的科学性和合理性，还需要测评产品语义联想、审美取向、品牌形象等方面。如果测评通过及输出满意解，则通过图纸、数字模型、高保真原型、视觉规范手册、设计说明等方式完成最终的产品设计认知输出；反之，则需要返回本问题域的其他问题，甚至返回前置问题域修订约束，以便对方案进行修订，直至测评通过。

二、基于用户认知的产品设计认知过程模式导出

不论是从"问题"研究出发还是从"求解"研究出发的产品设计认知模式，均以属性判断和逻辑判断为主，在模式的普适性上具有优势，但是在指导设计实践时还是过于宏观，应用起来还是面临诸多困难。同时，在设计实践中"问题"和"求解"是无法分开的，只有要素及相互关系，尚难以解释设计认知现象的全貌。

在前期的"问题"和"求解"的研究中，探索和构建了 UFIC "问题"模式，明确了用户域和表征域是设计认知的核心问题域；探索和构建了 ADGE "求解"模式，在分析求解基本过程

的基础上，明确了测评过程在模式中的控制作用；从 ADGE "求解"模式视角将 4 个问题域细化为 16 个核心问题，并导入 ADGE "求解"模式中，可导出基于用户认知的产品设计认知过程模式，简称 UFIC-ADGE 模式，如图 47 所示。该模式是 UFIC 模式和 ADGE 模式的复合，其中的问题定义和认知过程在前文中均有较为详细的说明，这里不再赘述。

三、基于用户认知的产品设计认知过程应用模式解析

由于用户需要、产品特征及生命周期的差异，在设计实践中为了提升设计创新的聚焦点和提升设计效率，针对产品设计创新特征，在核心问题域（用户域与表征域）保持不变的情况下，在全域型问题域模式的基础上会产生相应的应用模式，如表 30 所示。

全域型产品设计认知过程模式（UFIC-ADGE）是全域问题过程模式，其以用户认知需要目标的创新与优化为目标，是针对用户认知全层级的重新定义，产品设计目标是挖掘用户需要并创造全新的产品价值，是以创造"新物种"为目标的设计创新，主要应用于产品生命周期的导入期。

功能型产品设计认知过程模式（FIC-ADGE）主要应用功能域—交互域—表征域的问题模式，是以优化用户认知核心任务，挖掘期待任务和创设延展任务为主要目标的设计创新，

表 30 UFIC-ADGE 产品设计认知过程模式应用类型

模式类型	对应问题域	核心问题数量(个)	对应用户认知层级要素	产品设计创新重点	产品生命周期
全域型 （UFIC-ADGE）	用户域—功能域—交互域—表征域	16	用户认知目标创新与优化	产品价值	导入期
功能型 （FIC-ADGE）	功能域—交互域—表征域	12	用户认知任务创新与优化	产品功能	成长期 成熟期
交互型 （IC-ADGE）	交互域—表征域	8	用户认知信息/行为流创新与优化	产品交互	成长期 成熟期
表征型 （UC-ADGE）	用户域—表征域	8	用户认知触点创新与优化	产品表征	饱和期

重点是对于用户认知任务的创新与优化，主要适用于用户需要定义已经趋于稳定，产品设计创新重点为功能创设与优化的产品类别。其在用户信息加工中以表征信息和变量信息为主，交互方式偏重于硬件交互的装备类、工具类等产品，在类别中更为常用。从产品生命周期看，其主要应用于产品的成长期和成熟期。

交互型产品设计认知问题模式（IC-ADGE）主要应用交互域—表征域的问题模式，是以优化用户信息/行为流的方式、结构、过程，提升产品可用性和舒适度为主要目标的设计创新，重点是对于用户认知信息/行为流的创新与优化。其主要适用于用户需要、功能定义较为明确的产品，产品设计创新重点为交互创设与优化的产品类别。其在用户信息加工以表征信息和赋能信息为主，交互方式更偏重于软件交互，硬件交互相对简单和明确的智能化和信息化等产品类别中更为常用。从产品生命周期看，其主要应用于产品的成长期和成熟期。

表征型产品设计认知问题模式（UC-ADGE）是中间问题域简化，应用用户域—表征域的问题模式，是以优化用户感知觉方式、通道，提升产品语义阐释、文化共鸣、审美与反思等情感体验为主要目标的设计创新，重点是对于用户认知触点的创新与优化。其主要适用于用户需要、功能定义明确，用户认知信息/行为流清晰的产品。其在用户信息加工中以表征信息为主，在文创类等产品类别中更为常用。从产品生命周期看，其主要应用于产品的饱和期。

本章小结

本章第一节阐述了产品设计认知模式的内涵，分析了从"问题"和"求解"出发的典型设计认知模式。第二节提出了由用户域、功能域、交互域、表征域构成的产品设计问题域分类，解析了各问题域之间的相互关系，探索和构建了产品设计 UFIC "问题"模式。第三节在基于用户认知的产品设计认知中的"问题"研究中，探索和构建了 ADGE "求解"模式，明确了产品设计认知基础过程和控制过程。第四节将问题域分解为 16 个核心设计问题，将"问题"和"求解"模式合并导出产品设计认知过程模式（UFIC-ADGE），并根据用户认知层级创新目标的差异，对 UFIC-ADGE 进行了应用模式细分。通过研究，构建了产品设计认知"问题"模式、"求解"模式，并集成了产品设计认知过程模式，进一步丰富和完善了产品设计中设计认知模式研究的理论。

第五章 产品设计中系统映像的创设维度

第一节 产品系统映像的创设维度解析

产品设计实践中，影响用户认知的因素分析帮助设计主体进行目标用户群区分；通过测评，探查用户认知过程和用户认知层级，获取设计干预和创新的切入点和突破口；通过设计认知过程对问题域中的核心问题进行分析、定义、生成和测评产生和输出设计解决方案。产品系统映像是产品设计认知的结果输出和具体体现，是用户认知的对象。通过与用户认知层级要素、产品认知问题域、产品设计认知过程模式相对应，可以将产品系统映像创设分为四个维度，分别为内核维度、范围维度、逻辑维度和表现维度，如表31所示。

产品系统映像内核维度创设是满足用户新需求的开创性产品价值核心创设。其创新成果是输出创新性产品品类，也可称为开创性设计创新。所谓产品品类也称为产品类别，是基于用户需要驱动的产品分类的方式，每一种品类都代表着一类能满足用户某种核心需求的产品，及其相关联的和可替代的产品。新的产品类别满足或用户需要的新维度，必然也带来产品新的功能设定、行为交互方式和产品表征。产品系统映像内核创设中运用全域型产品设计认知模式（UFIC-ADGE），其设计创新覆盖用户认知的全部层级要素，主要应用于产品的导入期。

产品系统映像范围维度创设是从产品功能范围、功能达成方式优化切入的产品设计创新。其产品创新成果是在系统映像内核不变的前提下，为达成和拓展产品价值进行的人—物—场关系的细分和创设，以拓展产品功能的广度与深度，是对于产品类别的进一步细分。产品系统映像范围创设中运用功能型产品设计认知模式（FIC-ADGE），其设计创新重点在用户认知的任务层级，主要应用于产品的成长期、成熟期。

表31 产品系统映像创设维度与用户认知层级要素、设计认知问题域及设计认知模式的对应关系

用户认知层级要素	产品设计认知问题域	产品设计认知过程模式	产品系统映像创设维度
目的	用户域	全域型产品设计认知模式（UFIC-ADGE）	内核维度
任务	功能域	功能型产品设计认知模式（FIC-ADGE）	范围维度
信息/行为流	交互域	交互型产品设计认知模式（IC-ADGE）	逻辑维度
信息触点	表征域	表征型产品设计认知模式（UC-ADGE）	表现维度

产品系统映像逻辑维度创设是从产品的行为、交互逻辑和方式视角展开的产品设计创新，以提升产品使用过程中的行为和交互体验。其产品创新成果是在系统映像内核不变的前提下，优化产品功能达成的方式。产品系统映像逻辑创设运用交互型产品设计认知模式（IC-ADGE），其设计创新重点在用户认知的信息/行为流层级，主要应用于产品的成长期、成熟期。

产品系统映像表现维度创设是从产品的感知形式表现展开的产品设计创新，以提升感知体验。其产品创新成果是在产品系统映像价值内核、功能范围、行为及交互逻辑设定的基础上展开的感知形式表现的创新。产品系统映像表现创设运用表征型产品设计认知模式（UC-ADGE），其设计创新重点在用户认知的信息触点层级，主要应用于产品的饱和期。

受制于企业资源、能力、成本、市场竞争等各种限制因素的制约，绝大多数企业在产品开发中无法每次做到产品设计认知所有问题域的全面创新，常用的创新策略是结合企业优势，系统规划、逐块度量、重点突破、有序迭代、持续改善，以保持产品创新的活力和可持续性。

第二节　产品系统映像内核维度创设路径

产品系统映像内核创设的设计维度主要包括三个路径：用户基本需要细分、用户期待需要满足和用户隐性需要定义。

一、用户基本需要细分

基于用户需要细分的产品定义是用户需求常用的设计创新路径，其通过将用户的较为宏观的需要分解为不同的维度，并针对各个维度的具体要求，通过用户需要满足方式的差异，定义"新物种"，创设出不同品类的产品。如为了满足用户"清洁口腔"的需要，将口腔清洁的需要维度加以区分，可细分为清洁舌苔、牙缝、牙面、烟渍等污垢、口腔死角和细菌、口气、牙菌斑和牙结石七个常见的维度，有11个常见品类与之对应，如表32所示。其中，舌刮器、牙签、牙线棒、牙膏、牙刷、洁牙擦、漱口水、口喷属于个人护理用品大类中的品类，口香糖属于休闲食品大类中的品类，洗牙设备属于医疗设备中的品类，是洗牙服务的工具，需要专业的医生或护士操作和使用。1962年，美国WATERPIK洁碧公司针对"清洁口腔"需要细分中的清洁牙缝、牙面、烟渍等污垢等维度，推出世界上第一台冲牙器，于是一个新的产品品类诞生了，并一直发展至今，图48为洁碧WP-100EC冲牙器。

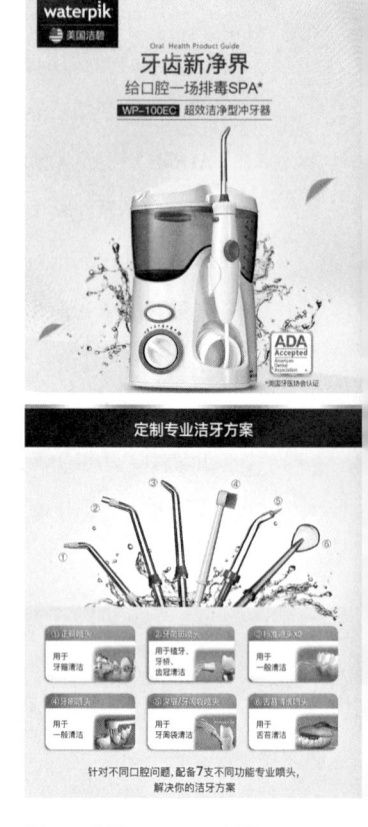

图48　美国WATERPIK洁碧WP-100EC冲牙器[1]

表32　"清洁口腔"需要对应的产品与服务

用户需要				清洁口腔			
用户需要细分	清理舌苔	清理牙缝	清洁牙面	清洁烟渍等污垢	清洁口腔死角和细菌	清洁口气	清洁牙菌斑和牙结石
对应的产品与服务	舌刮器	牙签 牙线棒	牙膏 牙刷	洁牙擦	漱口水	口香糖 口喷	洗牙设备洗牙服务

[1] http://www.chinawaterpik.com/products/35.html,2019-2-6.

二、用户期待需要满足

产品系统映像内核创设中的用户显性需要满足,并不是现有产品价值已经具有的用户需要属性,而是指用户能够通过语言等方式进行表达,但没有产品品类能够满足用户的需求,能够满足这类用户显性需求的产品,就形成了新的产品系统映像的内核。如人们都希望和其他人在沟通、交流过程中没有语言障碍,原本只能通过学外语、找翻译等方式来解决,这个用户需要是显性的,但一直没有产品来满足这个需要。随着翻译机产品的推出,如科大讯飞晓译翻译机 1.0 版,如图 49(上)所示,通过语音识别等技术实现了中文与英、日、韩、法、西班牙语的同声互译,为解决用户语言沟通障碍提供了产品解决方案,生成了翻译机的产品类别,属于产品系统映像内核创设。科大讯飞晓译翻译机 2.0 版,如图 49(下)所示,支持中文与 50 种语言即时互译,覆盖近 200 个国家或地区母语或官方语言,并支持拍照翻译、方言翻译、口音识别等,功能较 1.0 版更为强大,但其不属于内核创设,而是在相同产品系统映像内核基础上的优化和升级。

图 49 科大讯飞晓译翻译机 1.0 版(上)和 2.0 版(下)[2]

三、用户隐性需要定义

用户内隐性需要是用户没有意识到的无法用语言等方式表达的需要。基于用户隐性需要定义的产品系统映像内核创设,更多是建立在设计师对用户观察、思考和研究基础上,体现了设计师对于未来生活样貌的定义和对于用户的关怀。

[2] http://fanyi.xunfei.cn/index, 2019-2-6.

由对于未来生活样貌的定义产生的产品系统映像内核创设的案例很多，如第一台电视机、洗衣机、冰箱、空调等。其中经典的案例是前文提到的 i-Phone 手机和 App Store 共同构架的智能手机系统，将手机的功能从通信工具的产品系统映像内核的设定，改变为数据交换和应用的平台，在硬件条件不变的情况下，通过应用软件实现通信、社交、娱乐、购物、支付、工作、学习、健康管理、智能控制等功能。智能手机改变了我们的生活方式，以至于虽然可能每天接不了几个电话，但是一旦离开手机，很多用户会产生严重的焦虑。

产品系统映像内核创设还来自设计师对于用户的关怀。如全世界每年有约 2000 万名早产儿诞生，但因为身体失温的原因其中有 400 万个无法存活。斯坦福大学 Jane Chen 学生团队，通过在早产儿病死率最高的北印度和尼泊尔地区的调查，设计了 EMBRACE 不插电保温袋，如图 50 所示。在不用电的情况下，采用了热水加热相变材料储能的方式，可以为早产儿提供 4～6 小时接近体温的保暖，便于消毒且能完全打开，适用于各种体型婴儿的使用。EMBRACE 不插电保温袋诞生后，已经救助了数百万婴儿。

图 50　EMBRACE 不插电保温袋[3]

③ 资料来源：https://www.sohu.com/a/142003465_257855, 2019-2-6。

第三节　产品系统映像范围维度创设路径

产品系统映像范围创设的设计维度主要包括四个路径：目标用户的细分与包容、使用场景的限定与整合、人物场关系的发掘与创建、功能达成的优化与创新。

一、目标用户的细分与包容

目标用户是使用和认知产品的主体，产品设计中通过用户研究从用户社会属性、能力和知识、态度与情感等方面进行测评，以分析用户差异，定义目标用户特征，通过测评后生成目标用户界定，并对场景和用户需求产生约束。在这个过程中，可以有两个创设方向：目标用户细分和目标用户包容。

目标用户细分是以特定用户市场为目标，从用户特定需求满足出发，专注于特定用户群需要的满足。如谷歌旗下 LIFTWARE 公司推出的 LIFTWARE SPOON 具有防抖功能，针对帕金森综合征、脑瘫、特发性颤动等手臂震颤的患者的勺子，如图51所示，通过勺子内部的稳定传感器，向震颤反方向位移，保持勺子的稳定性，满足患者正常自主进食的需求。

图51　LIFTWARE SPOON 智能勺子[①]

目标用户包容是在产品设计中尽量降低对用户能力的要求，减少设计排斥，以达成尽可能对用户目标的覆盖。如 OXO GOOD GRIPS 削皮刀，如图52所示，其缘起是 Sam Farber 发现他患有关节炎的妻子在使用厨房烹饪工具时的困难，以及对于难看、粗糙的外观的抱怨。Sam Farber 意识到用户使用的方便、舒适，以及运用美学观念使用户感受到人格被尊重是两个关键。OXO GOOD GRIPS 削皮刀在设计上贯彻"通用设计"理念，通

---

① http://taiyuan.lshou.com/shangjia/c1850466747/td5e18168e99.html,2019-2-6.

过大量人机测评，确定了带有鳍片的椭圆形把手，获得了舒适的抓握和操作效果。将原有单向刀刃改为可旋转刀刃，以便于处理硬质蔬菜和水果棱角处的皮，进一步提升了使用效果，适合不同性别、年龄甚至有轻微使用障碍的用户使用，大幅度降低了设计排斥，增加了产品用户群的覆盖面。同时 OXO GOOD GRIPS 削皮刀具有的现代和精致的美感，受到了各年龄段用户的喜爱。OXO GOOD GRIPS 削皮刀不仅仅是一件用户满意的产品，它还重新定义了厨房工具。

二、使用场景的约束与开放

场景不仅仅是一种空间位置指向，也包含着与空间或与行为相关的环境特征，以及在此环境中的人的行为模式及互动模式。空间与环境不等同，但又不可分割，所以需要把它们当作一个整体来看待。场景定义中也包含两个方向：约束性场景定义和开放性场景定义。

约束性场景定义是对于约束性的空间或与行为相关的环境特征，以及在此环境中的人的行为模式及互动模式的定义。同样是满足饮用液体的需要，在不同环境中喝不同的饮品，杯子都有很大差异，如在商场里喝杯橙汁、在家里喝杯牛奶、在咖啡馆里喝咖啡、在社交场合中喝葡萄酒等，即使是葡萄酒杯，按不同场景中饮用的葡萄酒的差异，也分多个系列，如图 53 所示，从左到右分别为波尔多杯、勃艮第杯、白葡萄酒杯、起泡酒杯、甜酒杯。

开放性场景定义是将产品定义在尽可能多的场景中，以增强产品的通用性和适应性，适用于多种不同的场景以延展产品价值。如获得 2018 年度红点设计至尊奖的"Nuna Demi Growth"婴儿

图 52　OXO GOOD GRIPS 削皮刀

| 波尔多杯 | 勃艮第杯 | 白葡萄酒杯 | 起泡酒杯 | 甜酒杯 |

图 53　葡萄酒杯

图 54　"Nuna Demi Growth"婴儿车

车，如图 54 所示，该婴儿车由荷兰 Nuna International BV 设计制造，可以容纳运动座椅、汽车座椅和婴儿床，并搭配提篮、睡篮和单、双人座椅，并可以有 23 种组合模式。双悬挂减震系统确保承载 20 千克以下婴儿乘坐的舒适性，同时折叠收放方便、快捷，且能够自立，减少存放时的麻烦。网布椅背加上遮阳篷，使夏天不会闷热，冬天则可换上保暖坐垫。其具有强大的场景适应性，能够在多种场景和季节条件下使用。

三、人物场关系的发掘与创建

人物场关系的发掘与创设是以用户需要完成的事件为导向，以产品为道具的系统设计，强调产品与用户、环境、空间以及其他相关产品的协同。如我国香港理工大学设计学院 Lee Long Yin 设计的 WINNER-ST3，如图 55 所示，以城市中的街头歌手演唱

图 55　WINNER-ST3[②]

图 56　"钢琴家"概念车[③]

和表演受众,针对他们在城市中表演时缺少舞台,只能用无法匹配的行李箱来运输音响等设备的现状,设计了集音响、舞台、灯光、行李箱于一体的 WINNER-ST3,不仅解决了他们设备运输的问题,更为他们提供了更好的表演空间。该设计获得 2018 年韩国 K-Design 奖。再如就读于英国皇家艺术学院的中国研究生林子设计的"钢琴家"概念车,如图 56 所示,将古典钢琴与跑车结合,满足钢琴家们将钢琴搬离原来的空间,到自然环境中去创作、演奏的需要,创设了古典钢琴演奏的新的人物场关系,产生全新的演奏体验。

---

② 资料来源:https://www.uuuud.com/picture/105871.html,2019-2-6。
③ 资料来源:https://mp.weixin.qq.com/s/mZzTthyp95UWmoB3-VNKYg,2019-2-6。

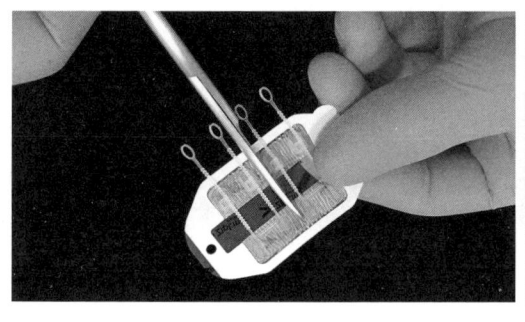

图 57　ZIP LINE 无创皮肤缝合器 [④]

四、功能达成的优化与创新

功能达成的优化是运用新技术、新结构、新工艺、新材料等手段，对于满足原有需求的功能达成方式的创新，并减少原有功能中负面影响和不良体验。如 Amir Belson 设计的 ZIP LINE 无创皮肤缝合器，如图 57 所示，在实现患者伤口闭合的功能时，创设了全新的功能达成方式，提供了一种达到优于缝线效果的全新皮肤伤口闭合解决方案，即使用时根据伤口长度裁剪合适的长度贴在伤口两侧，用可调节螺旋杆即可闭合伤口，去除多余的调节螺旋杆即完成伤口闭合过程。该方案取代了传统缝合伤口时，缝合针反复穿刺皮肤、拉线、打结的方式，能够减少对患者的二次伤害，缓解患者痛苦，提高手术效率。缝合器能在伤口周围隔离由于患者活动产生的轴向力和干扰力，减轻术后牵引伤口带来的疼痛。亲肤的水胶体黏合剂能够可靠固定缝合器，并在使用 7～14 天后剥离，无须拆线。ZIP LINE 无创皮肤缝合器操作方便、使用简单，不穿刺皮肤，康复过程对患者活动限制更小，并使疤痕最小化。该设计获得了德国设计特别奖。

功能达成的创新是对于原有用户任务的创新和产品价值增加。如通常包装箱在完成产品运输中的保护后，通常都只能作为家庭垃圾处理，尤其是家具的包装。宜家"HILVER"桌子的瓦楞纸板包装，如图 58 所示，在完成保护家具任务后，用户只需要通过对包装折叠，再加上一根橡皮筋，就可以得到一张多面设

---

④ 资料来源：https://www.ziplinemedical.com.cn/,2019-2-6.

计的凳子，不但组装方便，而且便于拆解和回收，在为用户创设新的产品附加价值的同时，还输出了物尽其用的环保理念和生活态度。

图58　HILVER 桌子的包装设计[5]

---

[5] 资料来源：https://baijiahao.baidu.com/s?id=1610026007296056268&wfr=spider&for=pc,2019-2-6.

第四节　产品系统映像逻辑维度创设路径

产品系统映像范围创设的设计维度主要包括三个路径：行为及交互方式的创新、行为及交互方式的合并、行为及交互方式的拆分。

一、行为及交互方式的创新

行为及交互方式的创新大多由新技术驱动，定义新的行为与交互逻辑，并带来新的操作方式与行为体验。如2016年微软SUFACE发布了新的外设配件SUFACE DIAL，如图59所示，在原有用户使用键盘、鼠标、操控笔等设备完成信息输入和人机交互的基础上，增加又创新了输入行为及交互方式。将SUFACE DIAL放置在微软电脑的屏幕上，选色器或标尺会出现，可以配合触控笔或鼠标共同完成操作，铝制的外壳具有振动触觉反馈，为用户操控计算机、输入相关信息提供了全新的操作行为和交互方式。

图59　SUFACE DIAL[①]

二、行为及交互过程的合并

行为及交互过程的合并是以提高功能使用效率，用户更关注产品功能实现达成的结果和价值，将原有需要用户干预的操作行为和交互过程、步骤简化和合并的设计创新路径。如2002年美国iRobot公司推出了第一款扫地机器人ROOMBA，将原来需要用户不断操作的清扫、吸尘等工作过程交由扫地机器人来完成，大大减轻了用户的操作强度，减少了劳动时间。发展至今的ROOMBA 900扫地机器人，如图60所示，可以实现一键操作，

---

① 资料来源：https://www.microsoftstore.com.cn,2019-2-6。

图61 茶具（左）和茶艺表演（右）

运用人工智能技术，利用 iAdapt 智能导航和 vSLAM 视觉运算处理技术，实现了高效而连贯的导航，能够自动完成如清扫、吸尘等工作地面的清理工作，进行可视化地表的设置，以便于它知道什么地方还没有清扫。同时可使用 iRobot HOME 应用程序进行控制，并可生产清洁报告，其被用户戏称为最具人气的"懒人家电"。

三、行为及交互过程的拆分

行为及交互过程的拆分是以提高产品使用过程体验为主要诉求，用户更关注产品使用过程的价值，是将原有功能实现的行为及交互过程细化的设计创新路径。如潮汕工夫茶就是典型的代表，如图61所示，工夫茶将品茶的过程拆分为21个步骤，并有一整套产品系统与之配合，通过多个感觉通道，协同传达过程体验信息，唤起用户良好的过程体验，并有与品茶配合的礼仪及行为方式、茶艺表演等，将品茶转化为品茶论道、以茶会友、和静雅趣的社交方式和生活方式，形成了独特的茶文化。

图60 ROOMBA 900 扫地机器人[②]

---

② 资料来源：https://www.irobot.cn/roomba/900,2019-2-6。

第五节　产品系统映像表现维度创设路径

产品系统映像范围创设的设计维度主要包括两个路径：产品功能性表征信息的匹配与顺应和产品情感性表征信息的唤起与认同。

一、产品功能性表征信息的匹配与顺应

产品功能性表征信息主要是指产品系统映像表现中具有功能性和目的性的符号及其语义阐释，主要为用户提供产品功能、使用、状态等属性信息，能够指导和帮助用户理解产品操作行为和交互方式，以保障对于产品的正确、安全、高效的使用，达成功能目标，满足自身需要。其与产品系统映像中的行为与交互紧密相连，包括用户认知产品过程中的前馈与反馈。如灯光控制台，如图62所示，不同功能类型的按键操作方式各异，通过按键表征形态的设计与用户的认知经验匹配，顺应用户的使用习惯，指示用户完成按压、推移、旋转等操作动作，以减轻用户在较为复杂的变量信息特征产品使用中的认知负荷。

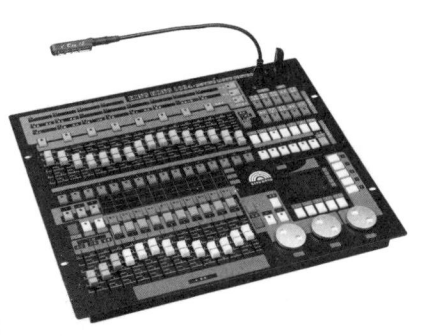

图62　灯光控制台[①]

二、产品情感性表征信息的唤起与认同

产品情感性表征信息通过表征意向体现用户的个性特征、阶层属性和社会属性，通过审美主张、情感引导、阶层标识、流行趋势和文化暗示等方式引发用户共鸣，一方面，为用户规划个体形象，唤起用户形象特征并体现自我定义；另一方面，体现社会象征意义和社会价值，使用户获得社会认同和群体归属感。如星巴克2019年2月发售了樱花主题系列产品，其中有一款外部点缀

---

① 资料来源：https://image.baidu.com/,2019-2-6.

樱花，内壁为"猫爪"造型，倒入不同颜色的饮料后，"猫爪"会呈现更为清晰的双层玻璃杯，被称为"猫爪杯"，如图63所示。从功能和使用方式上说，这款杯子并无新意，较普通杯子而言清洗起来还不太方便，但由于其形态可爱、独特，萌态十足，在"猫"文化，星巴克品牌效应，限量的销售模式，抖音、微信朋友圈、微博等当代信息传播方式的共同作用下，迅速成为爆款产品。

再如幸运小铁鱼的设计，加拿大圭尔夫大学（University of Guelph）的学生团队，通过实地调研发现，在柬埔寨，由于贫困，当地人的饮食缺乏富含铁质的肉类，44%的人患有贫血症，其中2/3是儿童。而导致贫血的原因不仅来自饮食结构，更由于他们使用铝锅烹饪的习惯。于是学生团队就提出了技术型解决方案——要当地人在烹饪时在锅里放入铁块。利用铁块在烹饪过程中释放出微量的铁质，改善患者贫血症状。这个方案科学、合理，且成本很低，但是当地人不愿意这么做，因为觉得在锅里放铁块很可笑。直到设计团队发现当地文化中鱼是幸福的象征，并受到崇拜，于是将铁块做成鱼的样子，并诞生了最终的产品——"幸运的小铁鱼"，如图64。当地的人们带着祈福的心情，把幸运的小鱼与食物一起烹煮。由于获得了健康，当地人认为这是鱼带来的幸运，并口口相传，小铁鱼逐渐成为当地人烹饪时必不可少的"配料"。实验证明了小铁鱼可以提供一个成年人每天75%的铁质需求，使用一年后治愈率达到50%，辅助贫血症治疗的问题也迎刃而解。在这个案例中，原型方案产品价值明确、功能科学、使用简单、价格低廉，但是用户却因为使用习惯等原因不愿意接受，直到产品系统映像成为当地人认可的文化符号后才被接受。这不仅说明了情感性表征信息在产品说服中的巨大作用，也提醒设计师在产

图63 星巴克猫爪杯

图64 幸运的小铁鱼②

品系统映像创新时应该尊重和理解目标用户的文化属性,才能顺势而为,事半功倍。

---

② 资料来源:http://www.sohu.com/a/142003465_257855,2019-2-6.

本章小结

本章第一节与前期研究中的用户认知层级要素、产品认知问题域、产品设计认知模式相对应，将产品系统映像创设分为内核、范围、逻辑、表现四个维度。第二节分析产品系统映像内核维度创设路径，将其细分为用户基本需要细分、用户期待需要满足和用户隐性需要定义三个路径。第三节分析产品系统映像范围维度创设路径，将其细分为目标用户的细分与包容、使用场景的限定与整合、人物场关系的发掘与创建四个路径。第四节分析产品系统映像逻辑维度创设路径，将其细分为行为及交互方式的创新、行为及交互方式的合并和行为及交互方式的拆分三个路径。第五节分析产品系统映像表现维度创设路径，将其细分为产品功能性表征信息的匹配与顺应和产品情感性表征信息的唤起与认同两个路径。通过研究，探究和提出产品系统映像的创设维度和创新路径，进一步明确了产品系统映像相关理论研究成果在设计实践中的应用思路。

结论

本次研究以认知心理学为主要的理论基础，针对当代用户需求、产品、产品设计理论发展趋势，聚焦产品设计中认知模式的基本定义、要素、内容、结构和关系的研究，国内外认知心理学在设计中的应用研究、用户认知研究、产品设计认知模式研究、系统映像研究等理论基础上，运用文献研究、案例研究、实验研究和系统分析等方法展开研究，获得了以下研究成果。

第一，从认知心理学视角出发，界定了产品及产品设计等相关概念。

在阐述认知科学的概念以及认知科学与相关学科的关系，认知心理学的概念和发展的基础上，提出了"产品是用户获取有效产品信息的载体"的观点；总结和提出了物质产品与非物质产品加速融合、产品认知主体不断拓展、产品认知负荷调节催生认知转移、功能型产品向过程型产品转化四个当代产品发展趋势；提出了"产品设计是将产品作为设计对象的创造性问题求解的思维过程"的观点；分析了产品设计中用户、设计师和产品三个认知主体的特征及在产品设计中的作用。

第二，解析了产品设计中认知模式研究的内涵。

解析了产品设计中认知模式研究中用户认知模式、设计认知模式、产品系统映像的基本概念、研究内容及相互关系，并将用户认知模式研究内容细分为产品设计中影响用户认知的因素、用户认知过程模式、用户认知的层级模式和用户认知测评四个方面；将设计认知模式研究内容细分为从"问题"出发和从"求解"出发的设计认知研究两个方面；将产品系统映像研究内容细分为映像创设维度和创新路径的研究两个方面，并提出了产品设计中认知模式构建的用户中心、问题驱动和系统均衡三原则。

第三，探究和提出了产品设计中用户认知过程模式和用户认知层级模式。

解析了影响产品设计用户认知主要因素及其在用户认知中的作用，在分析用户认知过程研究成果的基础上，结合实践与观察增加了"触发""筛选"两个用户认知过程，提出了"触发—获取—筛选—加工—输出"用户认知过程模式，并解析了各个过程在用户认知中的作用及其相互关系；提出了"目标—任务—信息/行为流—信息触点"用户认知层级模式，并解析了其中"目标"与"任务"构成的宏观层级关系、"任务"与"信息/行为流"构成的中观层级关系和"信息/行为流"与"信息触点"构成的微观层级关系；提出了产品设计中用户认知满意度测评的基本策略，分析了各用户认知层级的测评内容，阐述了测评数据获取与分析的方法，进一步明晰了用户认知测评的思路。

第四，探究和提出了产品设计中设计认知"问题"模式、"求解"模式和过程模式。

在厘清产品设计认知内涵的基础上，展开了三方面研究：一是基于用户认知的产品设计认知中的"问题"研究，在问题域构建和分析的基础上，探索和构建了 UFIC"问题"模式，将设计问题按四个问题域进行了分类，明确了用户域和表征域是设计认知的核心问题域，并解析了各问题域之间的相互关系；二是在基于用户认知的产品设计认知中的"问题"研究中，探索和构建了 ADGE"求解"模式，明确了产品设计认知基础过程和控制过程；三是将问题域分解为 16 个核心设计问题，并将"问题"和"求解"模式合并导出产品设计认知过程模式，即 UFIC-ADGE，并根据用户认知层级创新目标的差异，对 UFIC-ADGE 进行了应用模式细分。

第五，探究和提出了产品设计中系统映像创设维度和路径。

解析了产品系统映像创设中内核、范围、逻辑、表现四个创设维度，并结合案例将内核维度细分为用户基本需要细分、用户期待需要满足和用户隐性需要定义三个路径；将范围维度细分为目标用户的细分与包容、使用场景的限定与整合、人物场关系的发掘与创建四个路径；将逻辑维度细分为行为及交互方式的创新、行为及交互方式的合并和行为及交互方式的拆分三个路径；将表现维度细分为产品功能性表征的匹配与顺应和产品功能性表征的唤起与认同两个路径。

本次研究从认知心理学出发，根据当代产品发展趋势，重新界定产品设计中的基础概念，探究和解析了产品设计认知的本质和过程属性，将产品设计中的用户认知、设计认知和产品系统映像作为整体展开认知模式研究，以产品设计中的用户认知模式为基础，设计认知为核心，产品系统映像创设为目标，构建了产品设计中认知模式体系，并厘清了三者之间的内在联系和转换思路，对于进一步丰富和完善产品设计理论和认知心理学应用理论，指导设计师在设计实践过程中理解产品设计的基本属性，明确用户研究内涵，优化设计过程和设计管理，扩展设计创新维度等都具有一定的理论价值和实践意义。

参考文献

[1] Robert J Sternberg. 认知心理学 [M]. 杨炳钧, 陈燕, 邹枝玲, 译 .3 版 . 北京：中国轻工业出版社，2006:5-10.

[2] 乐国安，韩振华 . 认知心理学 [M]. 天津：南开大学出版社，2011:1-12.

[3] 史忠植 . 认知科学 [M]. 合肥：中国科学技术出版社，2008：3-9.

[4] Norman D A. 设计心理学 [M]. 梅琼，译 . 北京：中信出版社，2003.

[5] Norman D A. 情感化设计 [M]. 付秋芳，程进三，译 . 北京：电子工业出版社，2005.

[6] Kanis H. Usage centred research for everyday product design[J]. Applied Ergonomics，1998，29(1)：75-82.

[7] Norman D A. 设计心理学 [M]. 梅琼，译 . 北京：中信出版社，2003：82-90.

[8] 赵江洪 . 设计心理学 [M]. 北京：北京理工大学出版社，2004：46-51.

[9] 谭征宇 . 面向用户感知信息的产品概念设计技术研究 [D]. 杭州：浙江大学，2007.

[10] Crilly N, Moultrie J, Clarkson J. Seeing things: consumer response to the visual domain in product design[J]. Design Studies，2004，25 (6)：547-577.

[11] 张宪荣 . 设计符号学 [M]. 北京：化学工业出版社，2004：16-20.

[12] 孙菁 . 基于意象的产品造型设计方法研究 [D]. 武汉：武汉理工大学，2007.

[13] 吴志军 . 基于产品符号认知的创新设计过程模型构建与应用研究 [D]. 无锡：江南大学，2011.

[14] 卢兆麟, 张悦, 成波, 等 . 基于风格特征的汽车造型认知机制研究 [J]. 汽车工程，2016, 38(3): 280-287.

[15] 卡根，沃格尔 . 创造突破性产品：从产品策略到产品定案的创新 [M]. 辛向阳，潘龙，译 . 北京：机械工业出版社，2003：99-123.

[16] 李彬彬 . 设计效果心理评价 [M]. 北京：中国轻工业出版社，2005：145-147.

[17] Siu K W M. User's creative responses and designers' roles[J]. Design Issues，2003，19(2)：64-73.

[18] 布坎南，马格林 . 发现设计：设计研究探讨 [M]. 周丹丹，刘存，译 . 南京：江苏

美术出版社，2010：112-147.

[19] 李波．审美情境与美感：美感的人类学分析 [D]．上海：复旦大学，2005.

[20] Akin O, Dave B, Pithavadian S. Heuristic generation of layouts[M]. Southampton: Computational Mechanics Publications, 1988: 413-444.

[21] Schon D A. Designing: rules, types and worlds[J]. Design Studies, 1988, 9(3):18-190.

[22] Goel V, Pirolli P. The structure of design problem spaces[J]. Cognitive Science, 1992, 16(3): 395-429.

[23] Maher M L. A model of co-evolutionary design[J]. Engineering with Computers,2000, 16(3/4): 195-208.

[24] Falco I D, Cioppa A D, Tarantino E. Facing classification problems with particle swarm optimization [J]. Applied Soft Computing, 2007, 7(3): 652-658.

[25] Suh N P. The Principles of Design[M]. New York:Oxford university press,1990.

[26] Gero J S, Kannengiesser U. The situated function-behavior-structure framework[J]. Design studies, 2004, 25(4)：373-391.

[27] 刘征，孙守迁．产品设计认知策略决定性因素及其在设计活动中的应用 [J]．中国机械工程，2007, 18(23): 2813-2817.

[28] Jones J C.A method of systematic design[C].Conference on Design Methods. Oxford: Pergamon Press,1963:53-73.

[29] Archer B. An overview of the structure of the design process[M]. Cambridge: MIT Press, 1970.

[30] Zeise J. Inquiry by design: tools for environment-behavior research[M].Monterey, CA: Brooks/Cole Publishing Co, 1981.

[31] 彭聃龄．普通心理学 [M]．北京：北京师范大学出版社，2010：2-3.

[32] 乐国安，韩振华．认知心理学 [M]．天津：南开大学出版社，2011：1.

[33] 乐国安，韩振华．认知心理学 [M]．天津：南开大学出版社，2011：2.

[34] 车文博. 当代西方心理学新词典 [M]. 长春：吉林人民出版社，2001：301.

[35] Bobrow D G, Collins A M. Representation and understanding: studies in cognitive science[M].New York: Academic Press. 1975.

[36] 史忠植. 认知科学 [M]. 合肥：中国科学技术出版社，2008.9：i.

[37] Pylyshyn Z. Return of the mental image: are there pictures in the brain [J].Trends in Cognitive Sciences. 2003.7: 113-118.

[38] 车文博. 当代西方心理学新词典 [M]. 长春：吉林人民出版社，2001：306.

[39] 车文博. 当代西方心理学新词典 [M]. 长春：吉林人民出版社，2001：306-307.

[40] 黄希庭. 心理学导论 [M]. 北京：人民教育出版社，1991.

[41] 乐国安，韩振华. 认知心理学 [M]. 天津：南开大学出版社，2011:6.

[42] 乐国安，韩振华. 认知心理学 [M]. 天津：南开大学出版社，2011:7.

[43] 朱智贤. 现代认知心理学评述 [J]. 北京师范大学学报，1985,(1):8-12.

[44] Philip Kotler. 营销管理 [M]. 梅清豪，译. 上海：上海人民出版社，2003:454-456.

[45] Kano N, Seraku N, Takahashi F, et al. Attractive Quality and Must be Quality [J]. Hinshitsu(Quality, The Journal of Japanese Society of Quality Control), 1984,14 (2):39-48.

[46] 资料来源：https://www.xny365.com/green-car/article-12595.html，2019-2-6.

[47] 资料来源：https://item.jd.com/40237015526.html#none，2019-2-6.

[48] 资料来源：https://k.sina.com.cn/article_6402683241_m17da131690010058gx.html，2019-2-6.

[49] Simon H A. The Sciences of Artificial [M]: Cambridge, MIT press, 1969, 112.

[50] Gero J S. Design Computing and Cognition '10[M]. Berlin: Springer press, 2011, v - vi.

[51] Lawson B. How Designers Think: The Design Process Demystified[M]. London: Architectural press, 2005:117-132.

[52] 赵江洪. 设计研究和设计方法论研究四十年 [M]// 设计史研究：设计与中国设计史研究年会专辑. 上海：上海书画出版社,2007:24.

[53] Owen C.Design Thinking. What it is. Why it is different. Where it has new value. In: The international conference on design research and education for the future, Gwangju, Korea, 2005.

[54] Schön A D. The Reflective Practitioner, How Professionals Think in Action [M]. NY: Basic Books Press, 1983:45.

[55] Nigel Cross. Designerly ways of knowing [M]. London: Springer Press, 2006:67-74.

[56] Nigel Cross, 设计师式认知 [M]. 任文永，陈实，译. 武汉：华中科技大学出版社，2013:30.

[57] Zeisel J. Inquiry by design: tools for environment behavior research[M]. Cambridge: Cambridge University Press, 1984, 34.

[58] Draper S W. Design as communication[J]. Human Computer Interaction, 1994, Vol. 9(1): 61-66.

[59] Alan Cooper. 交互设计之路：让高科技产品回归人性 [M].DING Chris, 译. 北京：电子工业出版社, 2006:18.

[60] Lee S H, Harada A, Stappers P J. Design based on Kansei. In: GreenWS, Jordan P W (Eds.). Pleasure with Products: Beyond Usability[M]. London: Taylor & Francis press, 2003, 220.

[61] Eby D W，Molnar L J，Shope J T,et al.Improving older driver knowledge and self-awareness through self-assessment: The driving decisions workbook[J].Journal of safety research，2003，34(4):371-381.

[62] 威肯斯. 工程心理学与人的作业 [M]. 朱祖祥，译. 上海：华东师范大学出版社，2003:1-10.

[63] Cassimatis N L.Artificial Intelligence and Cognitive Modeling Have the Same Problem. In Theoretical Foundations of Artificial General Intelligence[M].Atlantis Press，2012:11-24.

[64] Forstmann B U，Wagenmakers E J，Eichele T，et al.Reciprocal relations between cognitive neuroscience and formal cognitive models:opposites attract?[J].Trends in cognitive sciences, 2011，15(6):272-279.

[65] Farkas I. Indispensability of computational modeling in cognitive science[J].Journal of Cognitive Science，2012，13(12):401-435.

[66] Newell A, Simon H A. Computer science as empirical inquiry: symbols and search [J]. Communication of the Association for Computing Machinery,1976,19(3):113-126.

[67] Newell A. Physical symbol systems [M].Norman D A.Perspectives on cognitive science. Hillsdale,NJ:Lawrence Erlbaum Associates.

[68] 刘晓力. 认知科学研究纲领的困境与走向 [J]. 社会心理科学，2005，20(4):10-18.

[69] Cross N.Design cognition：results from protocol and other empirical studies of design activity[M]//Eastman E，McCracken M， Newstetter W.Design knowing and learning：cognition in design education.Amsterdam：Elsevier，2001：79-103.

[70] Norman D A. 设计心理学 1：日常的设计 [M]. 小柯，译. 北京：中信出版社，2015:33.

[71] Janlert L E, Stolterman E. The character of things[J]. Design Studies，1997，18（3）：297-314.

[72] Liu Y T. Creativity or novelty？ [J]. Design studies，2000，21（3）：261-276.

[73] 布坎南，马格林. 发现设计：设计研究探讨 [M]. 周丹丹，刘存，译. 南京：江苏美术出版社，2010：112-147.

[74] 车文博. 心理咨询大百科全书 [M]. 杭州：浙江科学技术出版社，2001-12.

[75] 陈琦，刘儒德. 当代教育心理学 [M]. 北京：北京师范大学出版社，2007：251.

[76] Kimberly A L, Jonna M K. Domain knowledge and individual interest: The effects of academic level and specialization in statistics and psychology[J]. Contemporary Educational Psychology,2006, 31: 30-43.

[77] 车文博. 当代西方心理学新词典 [M]. 长春：吉林人民出版社，2001：271.

[78] 车文博. 当代西方心理学新词典 [M]. 长春：吉林人民出版社，2001：272.

[79] 杨治良，郝兴昌. 心理学辞典 [M]. 上海：上海辞书出版社，2016：552.

[80] 阿尔温·托夫勒. 未来的冲击 [M]. 蔡伸章, 译. 北京：中国对外翻译出版公司, 1985：17.

[81] 时蓉华. 社会心理学词典 [M]. 成都：四川人民出版社, 1988：379.

[82] 李鹏. 公共管理学 [M]. 北京：中共中央党校出版社, 2010：39.

[83] 车文博. 当代西方心理学新词典 [M]. 长春：吉林人民出版社, 2001：323.

[84] Dan Saffer. 微交互：细节设计成就卓越产品 [M]. 李松峰, 译. 北京：人民邮电出版社, 2017:29.

[85] 车文博. 当代西方心理学新词典 [M]. 长春：吉林人民出版社, 2001：97.

[86] 黄希庭. 心理学导论 [M].2 版. 北京：人民教育出版社, 2007-8：226.

[87] 张耀翔. 感觉心理 [M], 北京：工人出版社 1987:26.

[88] Robert J.Sternberg. 认知心理学 [M]. 杨炳钧, 陈燕, 邹枝玲, 译.3 版. 北京：中国轻工业出版社, 2006.1:52.

[89] 陈会忠. 注意的认知研究述评 [J]. 江苏教育学院学报（社会科学版）, 2001(3):45-46.

[90] 彭聃龄. 认知心理学 [M]. 北京：人民出版社, 2008:174.

[91] 乐国安, 韩振华. 认知心理学 [M]. 天津：南开大学出版社, 2011:55.

[92] 彭聃龄. 认知心理学 [M]. 北京：人民出版社, 2008:187.

[93] Robert J.Sternberg. 认知心理学 [M]. 杨炳钧, 陈燕, 邹枝玲, 译.3 版. 北京：中国轻工出版社, 2006.1:53.

[94] 车文博. 当代西方心理学新词典 [M]. 长春：吉林人民出版社, 2001:142-143.

[95] 安德森. 认知心理学 [M]. 长春：吉林教育出版社, 1989:214.

[96] 车文博. 心理咨询大百科全书 [M]. 杭州：浙江科学技术出版社, 2001:12.

[97] 彭聃龄. 认知心理学 [M]. 北京：人民出版社, 2008:247.

[98] 彭聃龄. 认知心理学 [M]. 北京：人民出版社, 2008:6.

[99] 车文博. 当代西方心理学新词典 [M]. 长春：吉林人民出版社, 2001:353.

[100] Sweller J. Cognitive load during problem solving: Effects on learning ［J］.Cognitive

Science，1988，12(2): 261.

[101] 张慧，张凡. 认知负荷理论综述 [J]. 教育研究与实验，1999(4):45-47.

[102] Sweller J. Cognitive load during problem solving: Effects on learning［J］.Cognitive Science, 1988, 12(2): 257-285.

[103] 资料来源：https://item.jd.hk/1973682660.html，2019-2-16.

[104] 资料来源：https://item.jd.com/1043580.html，2019-2-16.

[105] 李鹏程. 当代西方文化研究新词典 [M]. 长春：吉林人民出版社，2003-02.

[106] 肖苒，李世国，潘祖平. 前馈机制在产品交互设计中的应用 [J]. 包装工程，2010,31(18):31-33+55.

[107] Jesse James Garrett. 用户体验要素 [M]. 范晓燕，译. 北京：机械工业出版社，2011：6.

[108] 刘宇. 顾客满意度测评 [M]. 北京：社会科学文献出版社，2008：8.

[109] 张佳伟. 浅析描述性研究与观察性研究和实验性研究之间的差异 [J]. 北方文学，2017,(5):122.

[110] 邓伟志. 社会学辞典 [M]. 上海：上海辞书出版社，2009:191.

[111] 邓伟志. 社会学辞典 [M]. 上海：上海辞书出版社，2009:192.

[112] 恰安，沃格尔，创造突破性产品：从产品策略到项目定案的创新 [M]. 辛向阳，潘龙，译. 北京：机械工业出版社，2003:37.

[113] Jeff Sauro, Lewis J R. 用户体验度量：量化用户体验的统计学方法 [M]. 殷文婧，徐沙，杨晨燕，译. 北京：机械工业出版社，2014:11.

[114] Suh N P. The Principles of Design[M]. New York:Oxford university press,1990.

[115] Gero J S, Kannengiesser U. The situated function-behavior-structure framework[J]. Design studies, 2004, 25（4）：373-391.

[116] Liu Y T. Creativity or novelty？ [J]. Design Studies，2000，21（3）：261-276.

[117] Jones J C.A method of systematic design[C]//Jones J C, Thornley D G.Conference on Design Methods.Oxford：Pergamon Press，1963：53-73.

[118] Zeisel J.Inquiry by design：tools for environment-behavior research[M].Monterey,CA：Brooks/Cole Publishing Co,1981.

[119] Suh N P. Axiomatic Design:Advances and Applications[M].New York:Oxford university press,2001.

[120] Kim M H,Kim Y S,Lee H S. An underlying cognitive aspect of design creativity: limited commitment mode control strategy[J]. Design Studies，2007，28 (6)：585-604.

[121] Kim M J，Maher M L. The impact of tangible user interfaces on spatial cognition during collaborative design[J]. Design Studies，2008，29 (3)：222-253.

[122] 资料来源：https://www.chinawaterpik.com/products/35.html,2019-2-6.

[123] 资料来源：https://fanyi.xunfei.cn/index,2019-2-6.

[124] 资料来源：https://www.sohu.com/a/142003465_257855,2019-2-6.

[125] 资料来源：https://taiyuan.lshou.com/shangjia/c1850466747/td5e18168e99.html,2019-2-6.

[126] 资料来源：https://www.uuuud.com/picture/105871.html,2019-2-6.

[127] 资料来源：https://mp.weixin.qq.com/s/mZzTthyp95UWmoB3-VNKYg,2019-2-6.

[128] 资料来源：https://www.ziplinemedical.com.cn/,2019-2-6.

[129] 资料来源：https://baijiahao.baidu.com/s?id=1610026007296056268&wfr=spider&for=pc,2019-2-6.

[130] 资料来源：https://www.microsoftstore.com.cn,2019-2-6.

[131] 资料来源：https://www.irobot.cn/roomba/900,2019-2-6.

[132] 资料来源：https//image.baidu.com/,2019-2-6.

[133] 资料来源：https//www.sohu.com/a/142003465_257855,2019-2-6.